高等职业学校电类专业

PLC应用技术（西门子）（第二版）习题册

闫毅平 主 编

中国劳动社会保障出版社

简　介

本习题册为高等职业学校电类专业教材《PLC 应用技术（西门子）》（第二版）的配套用书。本习题册内容紧扣教学要求，知识点分布均衡，题型丰富多样，习题难易适中，有助于学生复习巩固所学知识。

本习题册由闫毅平任主编，崔凯楠任副主编，朱政、杨春华、王宇飞、徐子奇、张玥红、邓伟康、孙鑫钰参加编写，王建成任主审。

图书在版编目（CIP）数据

PLC 应用技术（西门子）（第二版）习题册：高等职业学校电类专业 / 闫毅平主编. --北京：中国劳动社会保障出版社，2025. --ISBN 978-7-5167-6829-7

Ⅰ. TM571.61-44

中国国家版本馆 CIP 数据核字第 2025KS8277 号

中国劳动社会保障出版社出版发行

（北京市惠新东街 1 号　邮政编码：100029）

*

北京鑫海金澳胶印有限公司印刷装订　　新华书店经销

787 毫米×1092 毫米　16 开本　5.25 印张　112 千字

2025 年 2 月第 1 版　　2025 年 2 月第 1 次印刷

定价：11.00 元

营销中心电话：400-606-6496

出版社网址：https://www.class.com.cn

https://jg.class.com.cn

目录

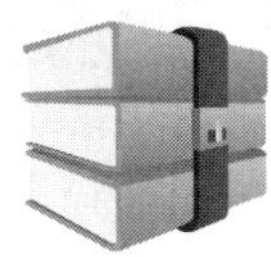

课题一　S7-1200 PLC 控制系统入门

任务 1　S7-1200 PLC 的安装与接线

一、填空题（将正确的答案填写在横线上）

1. S7-1200 PLC 控制系统由 CPU 模块、信号板、信号模块、通信模块、通信处理器和编程软件组成。其中，__________是 S7-1200 PLC 控制系统的核心。

2. 安装信号板时，首先应取下__________，然后将信号板直接插入 S7-1200 CPU 正面的槽内。

3. S7-1200 CPU 最多可扩展____个通信模块或通信处理器。

4. 通信模块 CM 1241 RS232 和 CM 1241 RS422/485 可以用于 S7-1200 CPU 的______通信，其中 CM 1241 RS232 不支持______通信。

5. CPU 1215C 模块板载 I/O 的情况为：____点数字量输入、____点数字量输出、____路模拟量输入、____路模拟量输出。

6. 电源接口用于向 CPU 模块供电，有______和______两种供电方式。

7. S7-1200 PLC 为______设备，必须将其安装在外壳、控制柜或电控室内。

8. 安装 S7-1200 PLC 时，应将其与______和高电噪声设备隔离开。

9. S7-1200 PLC 采用自然对流冷却方式，因此要确保其安装位置的上、下部分与邻近设备之间的距离至少为______mm。

10. S7-1200 PLC 可以水平或垂直安装在面板或标准 DIN 导轨上，当采用垂直安装方式时，其允许的最高环境温度要比水平安装方式低______℃。

二、判断题（正确的在括号内打“√”，错误的在括号内打“×”）

1. S7-1200 是德国西门子公司生产的模块化小型 PLC。（　　）
2. S7-1200 CPU 模块分为标准型和故障安全型。（　　）
3. S7-1200 CPU 模块包含 RUN/STOP、ERROR 两个 CPU 运行状态 LED。（　　）
4. 数字量输入模块和数字量输出模块分别简称为 DI 模块和 DQ 模块。（　　）

5. S7-1200 CPU 模块板载 I/O 的状态 LED 为绿色，用于指示输入和输出的逻辑状态。（　）

6. 在 S7-1200 CPU 模块的型号中，F 表示故障安全型。（　）

7. 对于交流供电的 S7-1200 CPU 模块而言，其供电电源电压范围为 AC 85~264 V。（　）

8. 关于 S7-1200 CPU 模块的输出接口类型，DC 表示晶体管输出，Rly 表示继电器输出。（　）

9. CPU 1217C 只有 DC/DC/DC 一种类型。（　）

10. S7-1200 PLC 的通信模块安装在 CPU 模块的右侧。（　）

三、选择题（将正确答案的序号填入括号中）

1. 以下供电电源类型、输入接口电源类型和输出接口类型的组合中，CPU 1214C 模块不支持的是（　）。

A. DC/DC/DC　B. DC/DC/Rly
C. AC/DC/Rly　D. DC/AC/DC

2. CPU 1214C DC/DC/Rly 模块接入最大负载时的输入电流为（　）mA。

A. 2 000　B. 1 500　C. 1 200　D. 1 000

3. S7-1200 CPU 在启动、自检或固件更新时，其 RUN/STOP 指示灯的状态为（　）。

A. 闪烁（黄色和绿色交替）　B. 点亮（黄色）
C. 点亮（绿色）　D. 熄灭

4. 当 S7-1200 CPU 的工作状态为错误时，其 ERROR 指示灯的状态为（　）。

A. 闪烁（红色）　B. 点亮（红色）
C. 闪烁（黄色）　D. 点亮（黄色）

5.（　）光纤传感器是 PNP 输出形式。

A. FX-311P　B. FX-311B　C. FX-311　D. FX-311G

6. 当电源电压为 DC 24 V 时，磁性开关 D-C73 的工作电流为（　）mA。

A. 0~3　B. 3~5　C. 5~40　D. 40~100

7.（　）型传感器与 PLC 连接时，直流电源的正极与 PLC 的公共端相连，传感器低电平有效，电流从 PLC 的数字量输入端流出，流向传感器的信号端。

A. NPN　B. PNP　C. 接近开关　D. 磁性开关

8. 光电传感器 CX-411 的重复精度（垂直于检测轴）为（　）以内。

A. 10 m　B. 8 mm　C. 0.5 mm　D. 0.01 mm

9. 光纤传感器 FX-311B 的稳定指示灯为（　）。

A. 红色 LED　B. 蓝色 LED
C. 橙色 LED　D. 绿色 LED

10. 电容传感器 E2K-X8ME1 的最大输出电流为（　）mA。

A. 200　B. 15　C. 300　D. 20

四、简答题

1. 简述 S7-1200 PLC 控制系统信号模块的类型。

2. 简述 S7-1200 CPU 模块型号中 AC/DC/Rly 和 DC/DC/DC 的含义。

3. 简述 S7-1200 CPU 模块的运行状态 LED 的功能。

4. 简述在标准 DIN 导轨上安装 S7-1200 CPU 模块的步骤。

五、设计题

绘制光电传感器 CX-411 的接线图。

任务 2　TIA Portal 工程软件平台的安装

一、填空题（将正确的答案填写在横线上）

1. TIA Portal 提供了一个集成化的环境，可以集中管理各种自动化工程任务，包括__________、__________、__________和__________配置、网络设置等。

2. SIRIUS SIMOCODE ES 是一款核心软件，它支持__________、____________和_____________等通信协议。

3. 安装 TIA Portal V16 软件的前提条件是计算机的_____和__________符合该软件的安装要求。

4. TIA Portal 软件对计算机操作系统要求较高，其中 TIA Portal V14 开始不支持____位的操作系统。

5. 如果安装的 TIA Portal V16 软件有缺陷或意外损坏，可以使用_______________软件进行修复。

6. TIA Portal V16 软件包括____________________、SIMATIC WinCC、SIMATIC WinCC Unified、SINAMICS Startdrive、SIMOTION SCOUT TIA 和____________________六个部分。

7. SIMATIC WinCC Unified 是面向各种平台提供________功能的新型系统。

二、判断题（正确的在括号内打“√”，错误的在括号内打“×”）

1. SIMATIC WinCC 用于组态可视化监控系统，支持触摸屏和 PC 工作站。（　　）
2. TIA Portal V13 SP2 可以和 TIA Portal V16 同时安装。（　　）
3. WinCC flexible 和 WinCC（TIA 博途）不可以安装在同一台计算机上。（　　）
4. WinCC 和 WinCC TIA Professional 可以安装在同一台计算机上。（　　）
5. TIA Portal V16 软件无法通过控制面板卸载。（　　）
6. WinCC Unified 项目在 TIA Portal 中统一组态。（　　）
7. 安装 TIA Portal V16 需要管理员权限。（　　）
8. 不可以将 WinCC V7.5 以上版本的项目移植到 WinCC V16。（　　）
9. 在 STEP 7 V16 中使用“项目>项目移植…”功能，可将 STEP 7 V5.4 SP5 以上版本软件创建的项目移植到 STEP 7 V16 中。（　　）

三、选择题（将正确答案的序号填入括号中）

1. TIA Portal 是（　　）公司的产品。

A. 通用电气　B. 西门子　C. 三菱电机　D. 施耐德电气

2. TIA Portal 主要应用于（　　）领域。

A. 医疗设备　B. 工业自动化　C. 办公自动化　D. 航空航天

3. STEP 7（TIA Portal）包括 STEP 7 Basic（STEP 7 基本版）和 STEP 7 Professional（STEP 7 专业版）两个版本，STEP 7 Basic 用于组态（　　）。

A. S7-1500　B. S7-1200　C. S7-400　D. S7-300

4. SIMATIC WinCC 的主要作用是（　　）。

A. PLC 编程　B. 可视化监控系统组态

C. 电动机管理和控制　D. 运动控制系统编程

5. SINAMICS Startdrive 调试软件主要应用于（　　）设备。

A. PLC　B. 传感器　C. SINAMICS 驱动　D. SIMOCODE pro

四、简答题

1. 简述 TIA Portal 工程软件平台的作用。

2. 简述安装 TIA Portal V16 的硬件条件。

3. 简述修复 TIA Portal V16 软件的方法。

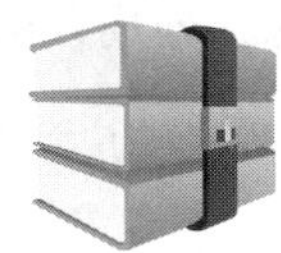

课题二 位逻辑运算指令的应用

任务1 三相异步电动机点动正转控制

一、填空题（将正确的答案填写在横线上）

1. IB0 中的 I 表示__________，B 表示按________编址。

2. Q1.2 表示过程映像输出区的地址含义为：1 表示________地址，2 表示________地址。

3. 当 PLC 输入端口接通时，相应的输入继电器为________状态，梯形图程序中对应的常开触点________，常闭触点________。

4. 若梯形图程序中的输出继电器线圈得电，则其在梯形图程序中对应的常开触点________，常闭触点________；其对应的物理继电器的线圈________，其常开触点________。

5. 在 PLC 控制系统中，交流接触器线圈的额定电压为______V 或以下等级。

6. 过程映像输入和过程映像输出均可按______、______、______和______来访问。

7. 位逻辑运算指令用于______进制数的逻辑运算，其逻辑运算的结果称为 RLO。

8. 程序编辑器自动地在绝对操作数前加______字符。

二、判断题（正确的在括号内打“√”，错误的在括号内打“×”）

1. S7-1200 PLC 具有 STOP、STARTUP 和 RUN 三种工作模式。（ ）

2. 低压断路器既可以起电源开关控制作用，也可以对电路进行过载、短路和欠电压保护。（ ）

3. CPU 1214C AC/DC/Rly 采用 DC 220 V 电源供电。（ ）

4. 在 CPU 内部的存储器中，存放输入信号状态的区域称为过程映像输入区（I 存储器），存放输出信号状态的区域称为过程映像输出区（Q 存储器）。（ ）

5. 国际电工委员会正式颁布的 IEC 61131-3（可编程序控制器编程语言标准）规定了文本化编程语言和图形化编程语言两大类编程语言。（ ）

6. 梯形图属于文本化编程语言。 （　　）

7. 过程映像输入区与输入端相连，是专门用来接收 PLC 外部开关信号的元件，在用户程序中的标识符为 Q。 （　　）

8. 过程映像输出区与输出端相连，将 PLC 内部信号输出传送给外部负载，即用户输出设备，在用户程序中的标识符为 I。 （　　）

9. CPU 可以随时处理中断事件。 （　　）

10. PLC 从 STOP 模式切换到 RUN 模式时，CPU 进入 STARTUP 模式。 （　　）

三、选择题（将正确答案的序号填入括号中）

1. PLC 的循环扫描工作方式包括（　　）阶段。

A. STOP、STARTUP、RUN

B. 初始化、编译、下载

C. 仿真、调试、监控

D. 写入输出、读取输入、执行程序

2. 以下表示过程映像输出区第 2 双字的是（　　）。

A. QD2　　B. QW2　　C. ID2　　D. IW2

3. 以下表示过程映像输入区第 2 个字的是（　　）。

A. QD2　　B. QW2　　C. ID2　　D. IW2

4. 在梯形图中，当指定的位为（　　）状态时，其对应的常开触点闭合。

A. 0　　B. 1　　C. 2　　D. 无法确定

5. 三相异步电动机点动正转 PLC 控制系统至少需要（　　）个 I/O 点。

A. 1　　B. 2　　C. 3　　D. 4

6. 关于 PLC 控制线路的安装，以下说法正确的是（　　）。

A. 先将 PLC 输出端连接到接触器，再进行程序调试

B. 先进行程序调试，再将 PLC 输出端连接到接触器

C. 同时进行程序调试和电路连接

D. 忽略程序调试，直接连接电路

7. 在 TIA Portal 软件中创建新项目后，首先需要进行的操作是（　　）。

A. 编写程序　　B. 添加设备

C. 硬件组态　　D. 编译程序

8. 在 PLC 程序仿真中，用于启动仿真环境的操作是（　　）。

A. 单击“编译”按钮

B. 单击“启动仿真”按钮

C. 单击“下载到设备”按钮

D. 单击“程序状态功能调试”按钮

9. 实际操作中，点动按钮应连接到 PLC 的（　　）端口。

A. QI0.0　　B. I0.1　　C. COM　　D. 电源

四、简答题

1. 简述 CPU 的三种工作模式及各工作模式的特点。

2. 简述 PLC 进行中断处理的过程。

3. PLC 在执行程序时，对输入/输出的访问通常是通过过程映像，而不是通过实际的 I/O 点，这样做的优点是什么？

五、设计题

设计指示灯点亮 PLC 控制程序，要求列出输入/输出端口分配表、绘制 PLC 控制电路图、设计并调试梯形图程序。具体控制要求如下：

1. 将常开按钮 SB1、SB2 分别连接到 PLC 的输入端口 I0.0 和 I0.1，指示灯 HL1、HL2 分别连接到输出端口 Q0.0 和 Q0.1。

2. 当按下按钮 SB1 时，指示灯 HL1 点亮；当松开按钮 SB1 时，指示灯 HL1 熄灭。

3. 当按下按钮 SB2 时，指示灯 HL2 点亮；当松开按钮 SB2 时，指示灯 HL2 熄灭。

任务 2　三相异步电动机单向连续运转控制

一、填空题（将正确的答案填写在横线上）

1. 将继电器控制方式改造为 PLC 控制方式时，通常______电路保留不变，______电路改用 PLC 实现。

2. 三相异步电动机单向连续运转 PLC 控制系统有______、______以及___________3 个输入信号和交流接触器线圈驱动 1 个输出信号。

3. 对应于线路图中按钮和触点的串、并联逻辑关系，应使用 PLC 的触点______/______方法编写 PLC 控制程序，也可以使用置位与复位指令编程。

4. 常用的触点逻辑运算包括______、______、______、与非、或非和异或。

5. 运行 TIA Portal V16 的__________与______之间建立通信连接后，首先将控制程序下载到 PLC，然后使用程序状态功能调试程序，最后进行______调试。

6. 进行联机调试时，应将 PLC 切换到______模式。

7. 对三相异步电动机单向连续运转控制系统进行联机调试的过程中，若发生______故障，热继电器的常闭触点会断开，PLC 输出继电器断电且解除自锁，使交流接触器线圈断电，其主触点断开，电动机断电停转。

8. 复位指令可以将__________和计数器的当前值寄存器数据清零。

二、判断题（正确的在括号内打“√”，错误的在括号内打“×”）

1. 置位指令即 R 指令，复位指令即 S 指令。（　）

2. 与逻辑运算的功能是将常开触点并联。（　）

3. 在三相异步电动机连续运转控制系统中，PLC 的 I/O 信号为数字量。（　）

4. 西门子 CPU 1214C AC/DC/Rly 的输出接口为继电器型。（　）

5. 非逻辑运算的功能是将当前 RLO 值取反。（　）

6. 执行置位指令时，将指令操作数指定的地址位置位，即变为 0。（　）

7. 执行复位指令时，将指令操作数指定的地址位复位，即变为 1。（　）

8. 可用兆欧表检测电路的绝缘电阻值是否符合要求。（　）

9. 使用置位指令和复位指令时，输出线圈允许出现两次或多次，这不属于双线圈输出情况。（　）

三、选择题（将正确答案的序号填入括号中）

1. 在三相异步电动机单向连续运转控制系统中，接触器自锁控制适用于（　）场合。

A. 短时间运转　　B. 长时间连续运转

C. 断续运转　　D. 无法确定

2. 进行（　　）逻辑运算时，必须有奇数个输入为“真”，输出才为“真”。

A. 与非　　　　B. 或非

C. 异或　　　　D. 非

3. 或逻辑运算的 FBD 为（　　）。

A. 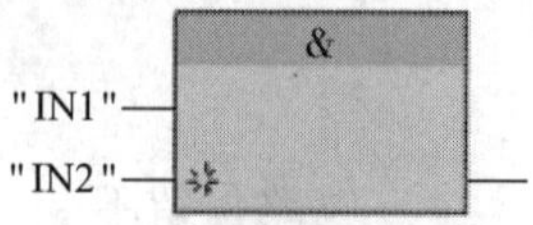 & "IN1" "IN2"

B. 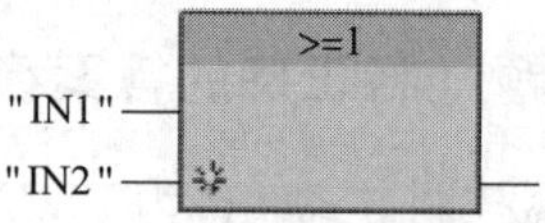 >=1 "IN1" "IN2"

C. 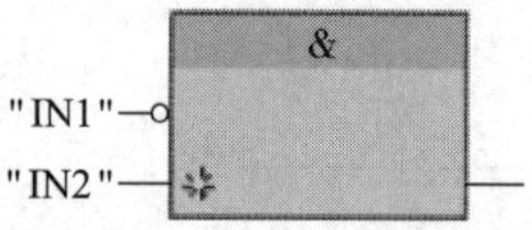 & "IN1" "IN2"

D. 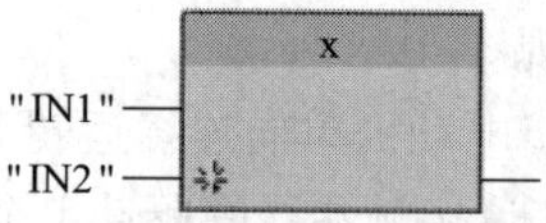 x "IN1" "IN2"

4. 图 2-2-1 所示的 PLC 控制程序中，当 I0.1 接通、I0.2 断开时，Q0.1 的值为（　　）。

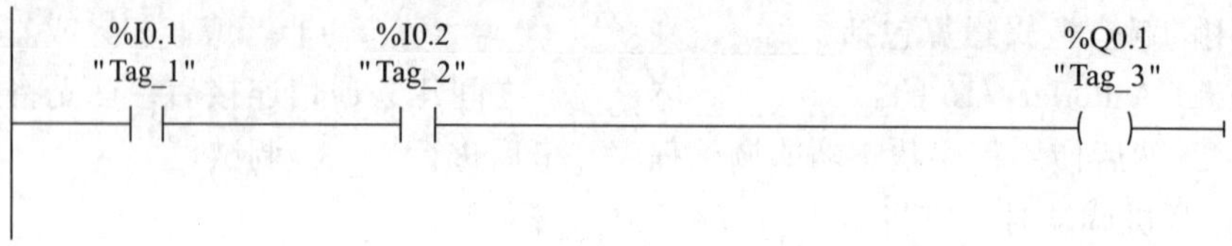

%I0.1 "Tag_1"　%I0.2 "Tag_2"　%Q0.1 "Tag_3"

图 2-2-1

A. 0　　B. 1　　C. 2　　D. 3

5. 图 2-2-2 所示的 PLC 控制程序中，当 I0.2 接通、I0.3 断开时，Q0.2 的值为（　　）。

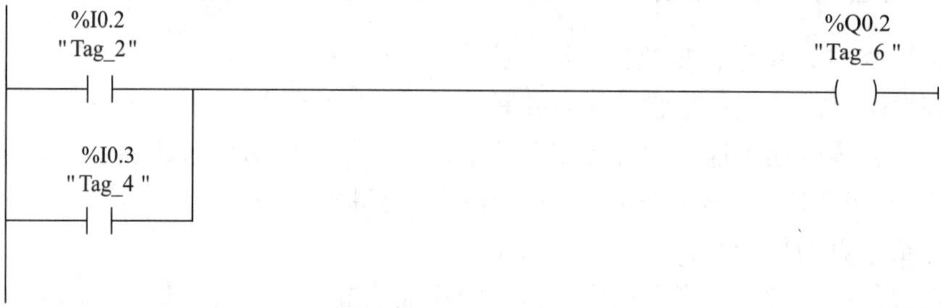

%I0.2 "Tag_2"　%Q0.2 "Tag_6"

%I0.3 "Tag_4"

图 2-2-2

A. 0　　B. 1　　C. 2　　D. 3

6. 图 2-2-3 所示的 PLC 控制程序中，当 I0.4 接通时，Q0.3 的值为（　　）。

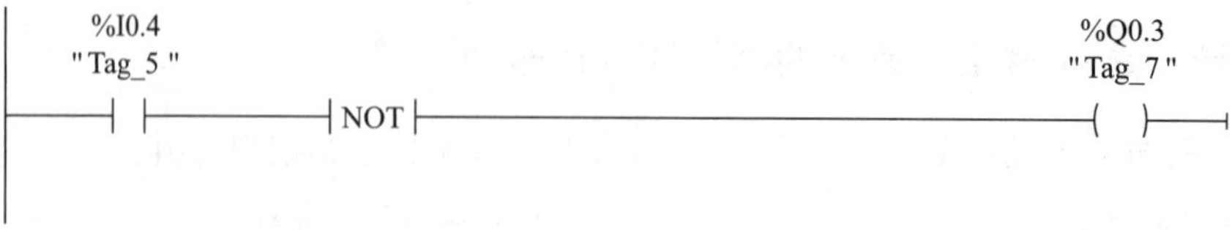

%I0.4 "Tag_5"　NOT　%Q0.3 "Tag_7"

A. 0　　B. 1　　C. 2　　D. 3

四、简答题

1. 简述置位/复位指令的功能。

2. 简述 PLC 控制系统中停止按钮和热继电器使用常闭物理触点的原因。

五、设计题

设计 S7-1200 PLC 控制指示灯的梯形图程序，实现用三个按钮对两个指示灯的点亮与熄灭进行控制。具体控制要求如下：

1. 将常开按钮 SB1、SB2 分别连接到 PLC 的输入端 I0.0 和 I0.1，常闭按钮 SB3 连接到 PLC 的输入端 I0.2，指示灯 HL1、HL2 分别连接到输出端 Q0.0 和 Q0.1。

2. 按下按钮 SB1，指示灯 HL1 点亮。

3. 按下按钮 SB2，指示灯 HL2 点亮。

4. 按下按钮 SB3，指示灯 HL1 和 HL2 均熄灭。

任务 3　三相异步电动机点动与连续运转控制

一、填空题（将正确的答案填写在横线上）

1. MW2 由 MB______和 MB______组成，MB____是它的高有效字节。

2. MD18 由 MW______和 MW______组成，MB______是它的最低有效字节。

3. M0.7 代表位存储器 M 的第 0 字节第____位的存储区。

4. 在三相异步电动机点动与连续运转控制系统联机调试过程中，当按下启动按钮时，交流接触器的线圈应得电并______，电动机连续运转；当按下停止按钮或电动机发生______故障时，接触器的线圈断电，电动机停止运转。

二、判断题（正确的在括号内打“√”，错误的在括号内打“×”）

1. 位存储器是 PLC 的系统存储器之一，用来存储运算的中间操作状态或其他控制信息，不能直接驱动外部负载。（　　）

2. 字节由 10 位二进制数组成。（　　）

3. 位存储器的作用与继电器控制系统中的中间继电器相似。（　　）

4. 标志位存储器的触点在 PLC 编程过程中可无限次使用。（　　）

5. 双字由两个字（或 8 个字节）组成。（　　）

6. MD100 中的 M 为区域标识符，D 表示双字。（　　）

7. 可以用位、字节、字或双字读/写位存储器。（　　）

三、选择题（将正确答案的序号填入括号中）

1. MW10 代表位存储器 M 的第 10（　　）的存储区。

A. 位　　B. 字节　　C. 字　　D. 双字

2. MD10 代表位存储器 M 的第 10（　　）的存储区。

A. 位　　B. 字节　　C. 字　　D. 双字

3. MD0 由 MB（　　）~MB（　　）组成。

A. 0，2　　B. 0，3　　C. 0，4　　D. 1，4

4. 如果 MW10=16#3C，则 MB11=2#（　　）。

A. 0000 0000　　B. 0011 1100

C. 1100 0011　　D. 1100 1111

5. 如果 MD10=16#7E，则 MB12=2#（　　）。

A. 0000 0000　　B. 0111 1110

C. 1100 0011　　D. 1100 1111

四、简答题

简述位存储器的特点。

五、设计题

设计 S7-1200 PLC 控制指示灯的梯形图程序，实现用 1 个按钮对 1 个指示灯的点亮与熄灭进行控制。具体控制要求如下：

1. 将常开按钮 SB 连接到 PLC 的输入端 I0.0，指示灯 HL 连接到输出端 Q0.0。
2. 第 1 次按下按钮 SB 时，指示灯 HL 点亮；第 2 次按下按钮 SB 时，指示灯 HL 熄灭。

任务4　三相异步电动机正反转控制

一、填空题（将正确的答案填写在横线上）

1. 三相异步电动机正反转 PLC 控制系统有__________、__________、______和________4 个输入信号，交流接触器线圈驱动 2 个输出信号。

2. 三相异步电动机正反转 PLC 控制系统中，正转和反转运行控制的交流接触器不能同时工作，否则将造成电源______事故，所以必须采取______措施。

3. 扫描操作数的信号上升沿指令也称为______________。

4. 扫描操作数的信号下降沿指令也称为______________。

5. 关于扫描操作数的信号上升沿指令，如果操作数 1 上一次扫描的信号状态为 0，当前信号状态为 1，则检测到操作数 1 信号的______（上升/下降）沿，RLO = ______，P 触点接通______个扫描周期。

6. 关于扫描操作数的信号下降沿指令，如果操作数 1 上一次扫描信号状态为 1，当前信号状态为 0，则检测到操作数 1 信号的__________（上升/下降）沿，RLO = ______，N 触点接通______个扫描周期。

二、判断题（正确的在括号内打“√”，错误的在括号内打“×”）

1. 仅依靠 PLC 梯形图程序中的软继电器触点互锁是不可靠的，在 PLC 输出端必须有接触器常闭触点的硬件互锁。（　　）

2. 三相异步电动机正反转运行 PLC 控制系统的 I/O 信号为模拟量，点数应不小于 6。（　　）

3. P 触点指令和 N 触点指令中的 M_BIT 为边沿存储器位。（ ）

4. 在 PLC 程序中，不能使用 M、全局 DB 和静态变量作为边沿存储器位。（ ）

5. 在 PLC 程序中，可以使用局部数据或 I/O 作为边沿存储器位。（ ）

6. P 触点可以放置在程序段中除分支、结尾外的任何位置。（ ）

7. N 触点可以放置在程序段中除分支、结尾外的任何位置。（ ）

三、选择题（将正确答案的序号填入括号中）

1. 对于 P 触点指令，当分配的输入位检测到正跳变时，该触点的状态为（ ）。

A. TRUE　　B. FALSE

C. RLO　　D. 无法确定

2. 对于 N 触点指令，当分配的输入位检测到正跳变时，该触点的状态为（ ）。

A. TRUE　　B. FALSE

C. RLO　　D. 无法确定

3. 图 2-4-1 所示的梯形图程序中，无论与 I0.1 关联的按钮闭合多长时间，P 触点和输出 Q0.1 接通（ ）个扫描周期。

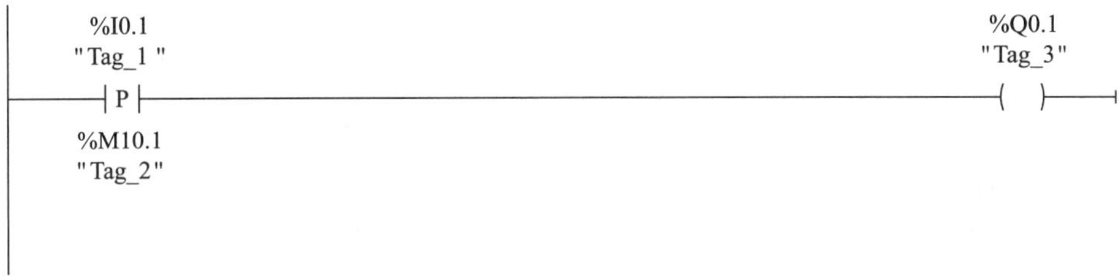

%I0.1 "Tag_1" —|P|— %M10.1 "Tag_2" —( )— %Q0.1 "Tag_3"

图 2-4-1

A. 1　　B. 2　　C. 3　　D. 4

4. 以下关于边沿存储器位的说法正确的是（ ）。

A. 在程序中可以重复使用

B. 在程序中只能使用一次

C. 只有在特定条件下才可以重复使用

D. 它的状态可以被改写

5. 图 2-4-1 所示梯形图对应的时序图为（ ）。

A. 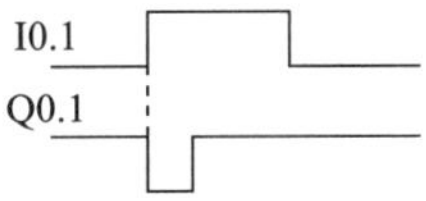 I0.1 Q0.1　　B. 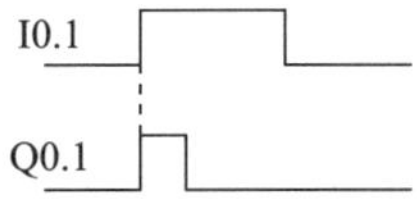 I0.1 Q0.1

C. 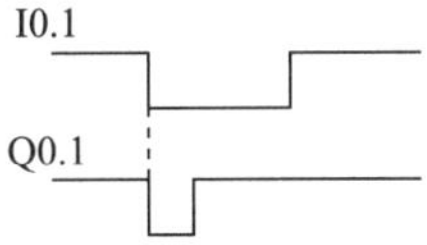 I0.1 Q0.1　　D. 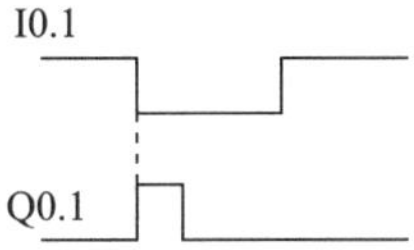 I0.1 Q0.1

四、简答题

1. 简述三相异步电动机正反转运行 PLC 控制电路中采用硬件互锁的原因。

2. 分析图 2-4-2 所示程序能否正常运行。

%I0.1
"Tag_1"
P
%M10.3
"Tag_7"

%Q0.1
"Tag_3"
S

%M10.3
"Tag_7"

%I0.2
"Tag_4"
N
%M10.3
"Tag_7"

%Q0.1
"Tag_3"
R

图 2-4-2

五、设计题

试用上升沿指令设计 S7-1200 PLC 控制指示灯的梯形图程序，实现用 1 个按钮对 1 个指示灯的点亮与熄灭进行控制。具体控制要求如下：

1. 将常开按钮 SB 连接到 PLC 的输入端 I0.0，指示灯 HL 连接到输出端 Q0.0。
2. 第 1 次按下按钮 SB 时，指示灯 HL 点亮；第 2 次按下按钮 SB 时，指示灯 HL 熄灭。

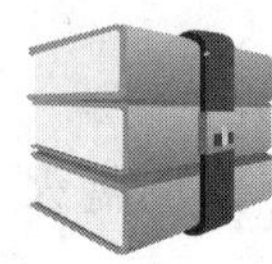

课题三　定时器与计数器指令的应用

任务 1　三相异步电动机顺序启动控制

一、填空题（将正确的答案填写在横线上）

1. 当 IN 收到________（上升/下降）沿信号时，TP、TON、TONR 定时器开始定时；当 IN 收到________（上升/下降）沿信号时，TOF 定时器开始定时。

2. PT 为______定时器。其中，参数 ET 为定时器的______________。

3. TON 用于将输出 Q 的置位操作延时________指定的一段时间。当使能端 IN 接通时，TON 开始定时；当当前值________或________预设值时，定时器输出置位。

4. 若采用默认的 MB0 作为时钟存储器字节，则 M0.5 的时钟脉冲周期为______，如果用它的触点控制指示灯，指示灯闪烁的频率为______。

5. 将 MB1 设置为系统存储器字节后，M1.0 的含义为首次循环，即系统存储器字节中该位的值仅在首次循环执行时为______。

6. 将 MB1 设置为系统存储器字节后，M1.2 的含义为始终为______，即该位始终设置为______。

7. 将 MB1 设置为系统存储器字节后，M____表示诊断状态已更改，即在诊断事件后的一个扫描周期内置位为 1。

8. S7-1200 的定时器分为________________、通电延时定时器 TON、______________________和______________________。

二、判断题（正确的在括号内打“√”，错误的在括号内打“×”）

1. 定时器是 PLC 最常见的编程元件之一，其功能与继电器控制系统中的时间继电器相似，起延时作用。（　　）

2. S7-1200 PLC 用户程序中使用的定时器数量不受 CPU 存储器容量限制。（　　）

3. TOF 在预设的延时结束后将输出设置为 OFF。（　　）

4. TP 用于在 Q 点产生指定时间宽度的脉冲信号。（　　）

5. IEC 定时器属于函数块，调用时需要指定配套的背景数据块，定时器指令的数据保存在背景数据块中。（　　）

6. 定时器指令可以放在程序段的中间或结束处。（　　）

三、选择题（将正确答案的序号填入括号中）

1. IEC 定时器必须配合（　　）使用。

A. 函数　　B. 数据块　　C. 函数块　　D. 计数器指令

2. （　　）定时器具有记忆功能。

A. TONR　　B. TOF　　C. TP　　D. TON

3. 时钟存储器的各位在一个周期内为 FALSE 和为 TRUE 的时间占比分别为（　　）和（　　）。

A. 40%，60%　　B. 50%，50%

C. 60%，40%　　D. 0%，100%

4. 将 MB1 设置为系统存储器字节后，M1.3 的含义为始终为（　　）。

A. 0　　B. 1　　C. 0 或 1　　D. 以上都不对

5. 当 IN 收到下降沿信号时，开始定时的定时器是（　　）。

A. TP　　B. TON　　C. TOF　　D. TONR

6. 如果希望电动机 M1 启动 10 s 后电动机 M2 自动启动，应使用的定时器是（　　）。

A. TP　　B. TON　　C. TOF　　D. TONR

7. 在 PLC 控制程序中，系统存储器位通常用于（　　）。

A. 实现复杂的数学运算　　B. 存储定时器的数据

C. 完成初始化步骤　　D. 控制电动机的正反转

8. 时钟存储器位在编程中的功能是（　　）。

A. 存储系统时间　　B. 实现数据块的读写

C. 生成一个周期性的方波信号　　D. 控制程序的逻辑分支

四、简答题

1. 简述断电保持定时器的作用。

2. 将时钟存储器字节各位的周期与频率填入表 3-1-1。

表 3-1-1

位	7	6	5	4	3	2	1	0
周期/s		1.6			0.5			
频率/Hz		0.625			2			

五、设计题

设计两台电动机 M1、M2 的启停控制程序，要求绘制 PLC 控制线路图、分配 I/O 地址、设计并调试梯形图程序。具体控制要求如下：

1. 按下启动按钮，电动机 M1 启动；电动机 M1 启动 20 s 后，电动机 M2 自动启动；电动机 M2 启动 2 min 后，电动机 M1 和 M2 自动停止。

2. 按下停止按钮，两台电动机立即停止运行。

任务2　三相异步电动机单按钮启停控制

一、填空题（将正确的答案填写在横线上）

1. S7-1200 PLC 提供了三种 IEC 计数器，分别是____________、____________和______________。

2. 当 CU 的值从 0 变为 1 时，CTU 的当前计数值________。

3. 对于 CTUD 而言，CD 为____计数输入位，CU 为____计数输入位。

4. 如果 CTU 的 CV 值大于或等于 PV 值，则计数器的 Q 端被______（置位/复位）。

5. 对于 CTUD 而言，当 CV______PV 时，QU 输出 1；当 CV______0 时，QD 输出 1。

6. 减计数器从预设计数值开始，在 CD 信号的每个上升沿______（递增/递减）计数一次。

7. 如果 CTU 的复位参数 R 从 0 变为 1，则当前计数器________（置位/复位）。

二、判断题（正确的在括号内打“√”，错误的在括号内打“×”）

1. 计数器指令可以对内部程序事件和外部过程事件进行计数。（　　）

2. S7-1200 PLC 的 IEC 计数器的数量不受 CPU 存储容量的限制。（　　）

3. S7-1200 PLC 的 IEC 计数器的最高计数频率不受 OB1 扫描时间的限制。（　　）

4. 如果计数值是无符号整数，则可以减计数到 0 或加计数到范围限值。（　　）

5. S7-1200 PLC 的 IEC 计数器的各变量均可以使用 I（仅用于输入变量）、Q、M、D 和 L 存储区，PV 还可以使用常数。（　　）

6. IEC 计数器属于函数块，调用时需要指定配套的背景数据块，计数器指令的数据保存在背景数据块中。（　　）

7. 当装载输入端 LD 接通时，计数器自动复位，当前计数值复位为预设计数值，重新开始计数。（　　）

8. 无符号短整数数据的取值范围为 0~255。（　　）

三、选择题（将正确答案的序号填入括号中）

1. 计数器计数值的范围取决于所选的（　　）。

　A. 数据类型　　B. 计数器类型

　C. 加计数输入位　　D. 减计数输入位

2. 短整数数据的取值范围为（　　）。

　A. −128~127　　B. −32 768~32 767

　C. 0~255　　D. 0~256

3. 计数器复位端 R 的作用是（　　）。

A. 使 CV 加 1　　B. 使 CV 减 1
C. 使 CV 置 0　　D. 装载 PV

4. 在 S7-1200 PLC 中，若计数频率较高，可使用（　　）计数器。

A. IEC　　B. 高速　　C. 减　　D. 加

5. 第一次执行加计数器指令时，（　　）被清零。

A. CV　　B. PV　　C. R　　D. LD

6. 对于 CTUD 而言，只要 LD 为 1 状态，QD 就输出 0，CV 值立即变为（　　）。

A. 1　　B. 0　　C. PV 值　　D. LD 值

四、简答题

1. 简述 S7-1200 PLC 提供的计数器类型。

2. 简述 S7-1200 PLC 中预设计数值和当前计数值的数据类型。

五、设计题

某舞台有四组灯光设备，试设计该舞台灯光的 PLC 控制程序，实现用一个按钮控制四组灯光的点亮和熄灭。具体控制要求如下：

1. 第一次按下控制按钮，第一组灯光点亮。
2. 第二次按下控制按钮，第二组灯光点亮。
3. 第三次按下控制按钮，第三组灯光点亮。
4. 第四次按下控制按钮，第四组灯光点亮。
5. 第五次按下控制按钮，四组灯光同时熄灭。

课题四　移动操作与比较运算指令的应用

任务 1　应用移动值指令实现三相异步电动机Y-△启动控制

一、填空题（将正确的答案填写在横线上）

1. Y-△启动是指在启动时将三相异步电动机定子绕组接成______，启动成功后再将三相异步电动机定子绕组改接为__________。

2. MOVE 指令的功能是将存储在指定地址的___________复制到新地址。

3. 执行 MOVE 指令时，如果输入参数 IN 数据类型的位长度小于输出参数 OUT1 数据类型的位长度，则目标值的高位被改写为______。

4. Y-△启动属于______启动，可使三相异步电动机的启动电流减小为全压启动的______。

二、判断题（正确的在括号内打“√”，错误的在括号内打“×”）

1. MOVE 指令将单个数据元素从参数 IN 指定的源地址复制到参数 OUT1 指定的目标地址，并转换为 OUT1 允许的数据类型，源数据保持不变。（　　）

2. MOVE 指令允许有多个输出。（　　）

3. MOVE 指令可以用于存储器清零。（　　）

4. 中、大功率三相异步电动机通常采用Y-△启动方式。（　　）

三、选择题（将正确答案的序号填入括号中）

1. MOVE 指令移动的数据类型不可以为（　　）。

A. 整数型　　　　B. 布尔型

C. 实数型　　　　D. 字符串型

2. 若 MOVE 指令的输入参数 IN 为 0111 0001 0101 0110，执行 MOVE 指令后，输出参

数 OUT1 为（　　）。

A. 1111 1111 1111 1111　　B. 0111 0001 0101 0110

C. 0000 0000 0000 0000　　D. 随机值

3. 执行 MOVE 指令时，如果输入参数 IN 数据类型的位长度超出输出参数 OUT1 数据类型的位长度，则源数据的（　　）会丢失。

A. 低位　　B. 中间位

C. 高位　　D. 无法确定

4. 若 MOVE 指令的输入参数 IN 为 MW40，MW40 中的数据为 16#FF12，输出参数 OUT1 为 MB50，执行 MOVE 指令后，MB50 中的数据应为 16#（　　）。

A. 12FF　　B. FF12　　C. 0012　　D. 1200

四、简答题

1. 简述 MOVE 指令的功能。

2. 简述删除 MOVE 指令中某输出参数的方法。

五、设计题

设计 S7-1200 PLC 控制指示灯的梯形图程序。八个指示灯 HL1～HL8 排列为正方形，如图 4-1-1 所示。具体控制要求如下：

1. 将常开按钮 SB1～SB6 分别连接到 PLC 的输入端 I0.0～I0.5，指示灯 HL1～HL8 分别连接到输出端 Q0.0～Q0.7。

2. 按下按钮 SB1 时，a 边点亮；按下按钮 SB2 时，b 边点亮；按下按钮 SB3 时，c 边点亮；按下按钮 SB4 时，d 边点亮；按下按钮 SB5 时，a、b、c、d 边均点亮；按下按钮 SB6 时，a、b、c、d 边均熄灭。

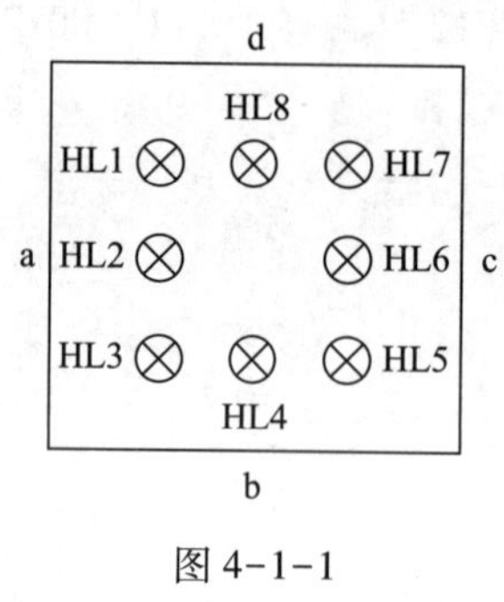

图 4-1-1

任务 2　应用比较值指令实现多台三相异步电动机顺序启动控制

一、填空题（将正确的答案填写在横线上）

1. 比较值指令用于比较__________相同的两个数值的大小。
2. 可将比较值指令视为一个等效的触点，当满足比较关系时，等效触点______。
3. 图 4-2-1 所示的梯形图程序中，输出 Q0.6 为______。

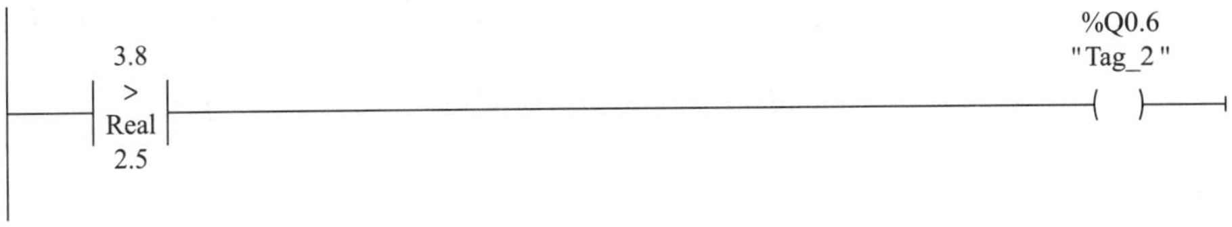

图 4-2-1

4. 图 4-2-2 所示的梯形图程序中，当 I0.3 常开触点闭合时，若 MW1 中的整数和 MW12 中的整数相等，则 Q0.5 输出为________。

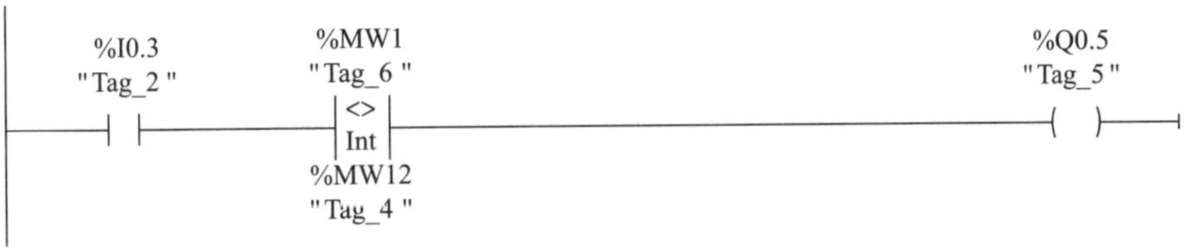

图 4-2-2

5. 图 4-2-3 所示的梯形图程序中，当 I0.3 常开触点闭合时，若 MW1 中的整数和 MW12 中的整数相等，则 Q0.5 输出为________。

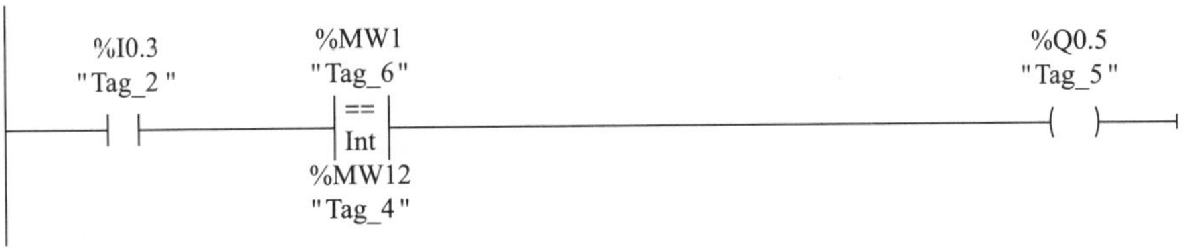

图 4-2-3

二、判断题（正确的在括号内打"√"，错误的在括号内打"×"）

1. 一个项目可以生成多个监控表。 （　　）

2. 监控表可以有效地解决无法同时显示全部变量状态的问题。 （　　）

3. 生成比较值指令后，比较符号不可以修改。 （　　）

4. 比较值指令的比较关系包括“= =”（等于）、“< >”（不等于）、“>”（大于）、“> =”（大于或等于）、“<”（小于）和“< =”（小于或等于）。 （　　）

5. 比较值指令的操作数可以是 I、Q、M、L、D 存储区中的变量或常数。 （　　）

6. 使用监控表无法强制变量。 （　　）

三、选择题（将正确答案的序号填入括号中）

1. 当比较值指令“┤ IN1 == ??? IN2 ├”的 IN1（　　）IN2 时，比较结果为真。

A. 等于　　B. 不等于　　C. 大于或等于　　D. 小于或等于

2. 当比较值指令“┤ IN1 >= ??? IN2 ├”的 IN1（　　）IN2 时，比较结果为真。

A. 小于　　B. 不等于　　C. 大于或等于　　D. 小于或等于

3. 当比较值指令“┤ IN1 <> ??? IN2 ├”的 IN1（　　）IN2 时，比较结果为真。

A. 等于　　B. 不等于　　C. 大于或等于　　D. 小于或等于

四、简答题

生成比较值指令后，如何修改操作数的数据类型和比较关系类型？

五、设计题

用 PLC 实现一个按钮控制三个灯的亮灭，控制要求为：第一次按下按钮，第一个灯点亮；第二次按下按钮，第二个灯点亮；第三次按下按钮，第三个灯点亮；第四次按下按钮，三个灯同时点亮；第五次按下按钮，三个灯同时熄灭。试用比较值指令设计满足上述控制要求的梯形图程序。

课题五 数学函数与移位和循环指令的应用

任务1 应用四则运算指令实现通风系统风机启停控制

一、填空题（将正确的答案填写在横线上）

1. 进行除法操作时，需避免除数为______的情况。

2. 运算时一定要先______（乘/除）后______（乘/除），否则会损失原始数据的精度。

3. 四则运算指令分别是______指令、______指令、______指令、______指令。

4. 对于 S7-1200 PLC 的模拟量输入而言，电流输入只有单极性，电压输入可分为______极性和______极性。

二、判断题（正确的在括号内打“√”，错误的在括号内打“×”）

1. 电压信号是模拟信号，需经过 A/D 转换才能转换为数字信号。（ ）

2. 启用四则运算指令（EN=1）后，指令会对输入值（IN1 和 IN2）执行指定的运算并将结果存储在输出参数（OUT）指定的存储器地址中。（ ）

3. 四则运算指令中，INI、IN2 和 OUT 的数据类型必须相同。（ ）

4. S7-1200 CPU 模块集成了 4 通道模拟量输入。（ ）

5. 单击四则运算指令功能框中的“???”，可在下拉菜单中选择数据类型。（ ）

三、选择题（将正确答案的序号填入括号中）

1. 四则运算指令成功执行后，指令会设置 ENO 为（ ）。

A. 1　　B. 0

C. 1 或 0　　D. 无法确定

2. S7-1200 CPU 模块集成的模拟量输入的默认地址为 IW64 和（ ）。

A. IW62　　B. IW63　　C. IW65　　D. IW66

3. S7-1200 CPU 模块只能使用（　　）V 的单极性电压输入。

A. 0~10　　B. 10~20　　C. 0~5　　D. 1~5

4. 如果 S7-1200 CPU 模块需要双极性电压输入，可以选择信号模块（　　）。

A. SB 1230　　B. SB 1232　　C. SM 1231　　D. SM 1232

5. 双整数除法指令的运算结果为（　　）。

A. 双整数　　B. 短整数　　C. 浮点数　　D. 常数

四、简答题

1. 简述四则运算指令的功能。

2. 简述四则运算指令参数 IN1、IN2 和 OUT 可选的数据类型。

五、设计题

1. 试编写梯形图程序，将 MW10 中的整数与 MW12 中的整数相加，并将结果存放在 MW16 中。

2. 试编写梯形图程序，将 MD10 中的双整数与双整数 DINT#26 相减，并将结果存放在 MD16 中。

任务 2　应用递增和递减指令实现加热器多挡功率调节控制

一、填空题（将正确的答案填写在横线上）

1. 执行 INC 指令时，参数 IN/OUT 的值__________。

2. 执行 DEC 指令时，参数 IN/OUT 的值__________。

3. 递增和递减指令中，参数 OUT 的数据类型为各种有符号或无符号的______。

二、判断题（正确的在括号内打“√”，错误的在括号内打“×”）

1. 使用 INC 和 DEC 指令时，单击指令功能框中的“???”，可在下拉菜单中选择数据类型。（　　）

2. 在加热器多挡功率调节控制系统中，用扫描操作数的信号上升沿指令检测按钮输入信号的边沿，可确保执行递增和递减指令时功率挡位变化量按加 1 或减 1 规律变化。（　　）

3. 当递增指令的参数 EN 为 0 时，使能输入有效。（　　）

4. 当递减指令的参数 EN 为 0 时，使能输入有效。（　　）

5. 成功执行递增指令或递减指令后，参数 ENO 的值为 1。（　　）

三、选择题（将正确答案的序号填入括号中）

1. 图 5-2-1 所示的梯形图程序中，IN/OUT 中的双整数存储在 MD10 中，当前值为 10。I0.0 闭合 1 次执行 INC 指令后，MD10 中的值变为（　　），Q0.0 的输出为（　　）。

A. 11，0　　　　B. 11，1

C. 9，0　　　　D. 9，1

程序段 1：……
注释
%I0.0
"Start"
INC
DInt
EN ENO
%MD10
"Value1"— IN/OUT
%Q0.0
"Lamp"

图 5-2-1

2. 图 5-2-2 所示的梯形图程序中，IN/OUT 中的整数存储在 MW10 中，当前值为 10。I0.0 闭合 1 次执行 DEC 指令后，MW10 中的值变为（　　），Q0.0 的输出为（　　）。

A. 11，0　　　　B. 11，1

C. 9，0　　　　D. 9，1

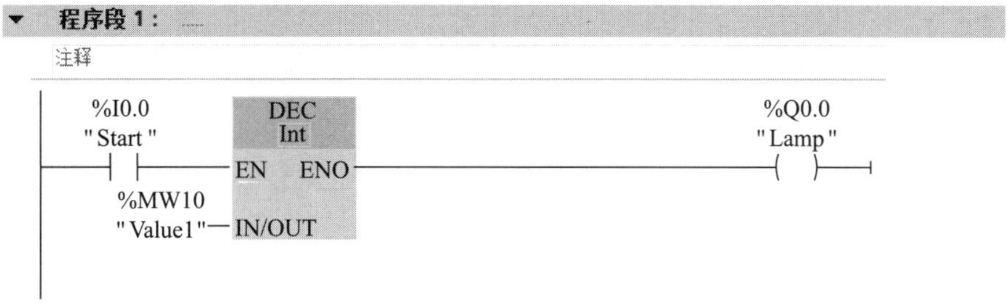

程序段 1：……
注释
%I0.0
"Start"
DEC
Int
EN ENO
%MW10
"Value1"— IN/OUT
%Q0.0
"Lamp"

图 5-2-2

四、简答题

1. 简述递增指令的功能。

2. 简述递减指令的功能。

五、设计题

某品牌加热器有 7 个功率挡位，分别为 0.5 kW、1 kW、1.5 kW、2 kW、2.5 kW、3 kW 和 3.5 kW，其加热元器件共 3 个，功率分别为 2 kW、1 kW 和 0.5 kW。现需要用 PLC 通过两个按钮实现加热器 7 挡功率调节控制，试用递增/递减指令编写相应的梯形图程序。具体控制要求如下：

1. 每按一次功率递增按钮，功率上升 1 个挡位。
2. 每按一次功率递减按钮，功率下降 1 个挡位。

任务 3　应用移位和循环指令实现景观灯控制

一、填空题（将正确的答案填写在横线上）

1. 对数字 8 执行左移指令，移动位数为 1，得到的结果是__________________________________。
2. 对数字 16 执行右移指令，移动位数为 2，得到的结果是__________________________________。
3. 对数字 7 执行左移指令，移动位数为 3，得到的结果是__________________________________。
4. 对数字 20 执行右移指令，移动位数为 1，空出的位用符号位填充，得到的结果是__________________________________。
5. 对数字 12 执行左移指令，移动位数为 2，空出的位用最高位填充，得到的结果是__________________________________。
6. 循环右移指令将参数 IN 的位序列__________*N* 位，结果分配给参数 OUT。
7. 循环左移指令将参数 IN 的位序列__________*N* 位，结果分配给参数 OUT。

二、判断题（正确的在括号内打“√”，错误的在括号内打“×”）

1. SHR 指令将输入参数 IN 指定的存储单元的整个内容逐位左移 N 位，移位的结果保存到输出参数 OUT 指定的地址中。（　　）

2. 当要循环移位的位数 N 为 0 时，不进行循环移位，直接将 IN 值分配给 OUT。（　　）

3. 循环移位指令将移出的位值送至存储单元另一端空出的位，因此原始位值不会丢失。（　　）

4. 如果要循环移位的位数 N 超过目标值中的位数，输入 IN 中的数值仍将循环移动指定的位数。（　　）

5. SHL 指令将输入参数 IN 指定的存储单元的整个内容逐位右移 N 位，移位的结果保存到输出参数 OUT 指定的地址中。（　　）

6. 执行 SHR 和 SHL 指令时，无符号数移位和有符号数左移后空出的位用 0 填充。有符号数右移后空出的位用符号位（原来的最高位）填充，正数的符号位为 0，负数的符号位为 1。（　　）

7. 执行 SHR 和 SHL 指令时，移出的位值又送回存储单元另一端空出的位，原始的位值不会丢失。（　　）

8. 执行 SHR 和 SHL 指令时，如果要移位的位数 N 超过目标值中的位数，则所有原始位值将被移出并用 0 代替，即将 0 分配给 OUT。（　　）

三、选择题（将正确答案的序号填入括号中）

1. 在 S7-1200 PLC 中，SHL 指令的功能是（　　）。

A. 向左移位　　B. 向右移位　　C. 循环左移　　D. 循环右移

2. 在 S7-1200 PLC 中，ROR 指令的功能是（　　）。

A. 向左移位　　B. 向右移位　　C. 循环左移　　D. 循环右移

3. MW10 中的数值为 16#9DFB，对其执行 SHL 指令（移动位数为 4）后，MW10 中的数值是（　　）。

A. 16#9DFB　　B. 16#DFB0

C. 16#0DFB　　D. 16#9DF0

4. MW10 中的数值为 16#9DFB，对其执行 SHR 指令（移动位数为 4）后，MW10 中的数值是（　　）。

A. 16#09DF　　B. 16#DFB0

C. 16#0DFB　　D. 16#9DF0

5. MD10 中的数值为 16#9DFB9DFB，对其执行 ROL 指令（移动位数为 4）后，MD10 中的数值是（　　）。

A. 16#DFB9DFB9　　B. 16#B9DFB9DF

C. 16#9DFB9DFB　　D. 16#DFB9DFB0

四、简答题

1. 简述 ROR 指令和 ROL 指令的功能。

2. 简述使用 SHR 指令和 SHL 指令的注意事项。

3. 简述使用 ROR 指令和 ROL 指令的注意事项。

五、设计题

试设计 8 个圆形排列彩灯的循环点亮 PLC 控制程序，具体控制要求如下：

1. 每一时刻有 5 个彩灯点亮，其余 3 个彩灯熄灭。
2. 启动瞬间，从起始位开始相邻的 5 个彩灯点亮。
3. 彩灯亮灭切换频率为 1 Hz，每次移动 1 位。
4. 可以选择彩灯循环方向为顺时针或逆时针。

课题六　顺序控制设计法的应用

任务 1　应用单序列结构实现三相异步电动机Y-△启动控制

一、填空题（将正确的答案填写在横线上）

1. 对于顺序控制系统，采用顺序控制设计法进行 PLC 程序设计的主要优势有________________，便于调试、修改和阅读，________________，因此很容易被初学者接受。

2. 使用顺序控制设计法时，需要根据生产系统的______________画出顺序功能图。

3. 顺序功能图的基本元件包括步、____________、__________、____________和动作。

4. 根据步与步之间转换情况的不同，顺序功能图分为________、__________和并行序列三种基本结构。

5. 单序列由一系列相继激活的步组成，每一步的后面仅有一个转换，每一个转换的后面仅有一个______。

6. 绘制顺序功能图时需要注意：两个步不能直接相连，必须用一个______将它们隔开。两个______也不能直接相连，必须用一个步将它们隔开。

二、判断题（正确的在括号内打“√”，错误的在括号内打“×”）

1. 当步处于活动状态时，执行相应的非存储型动作。（　　）

2. 代表步的编程元件必须按照顺序连续编号。（　　）

3. 顺序功能图中的保持性动作具有连续性，它会将动作结果延续到后面的状态中。（　　）

4. 在顺序功能图中，当步被激活时，该步对应的所有动作均得到执行，而未被激活的步对应的动作均无法执行。（　　）

5. 选择序列用来表示系统的几个独立部分同时工作的情况。（　　）

6. 步的活动状态习惯的进展方向是从上到下或从左至右，这两个方向有向连线上的箭头可以省略。（　　）

7. 运用顺序控制设计法设计 PLC 顺序控制梯形图程序时，首先应根据系统的工艺过

程画出工序图，然后根据工序图画出顺序功能图，最后根据顺序功能图画出梯形图。（　　）

8. 转换条件必须是外部的输入信号。（　　）

三、选择题（将正确答案的序号填入括号中）

1. 在并行序列中，为了强调转换的同步实现，水平连线用（　　）表示。

A. 单线　　B. 双线　　C. 三线　　D. 曲线

2. 顺序功能图中的步是根据 PLC（　　）的状态变化划分的。

A. 输入量　　B. 输出量　　C. 转换条件　　D. 计时器

3. 步是顺序控制系统的一个工作阶段，在顺序功能图中用（　　）表示步。

A. 矩形方框　　B. 短线　　C. 梯形　　D. 圆形

4. 顺序功能图中用双线方框表示（　　）。

A. 动作　　B. 转换　　C. 转换条件　　D. 初始步

5. 初始步是与系统的初始状态相对应的步，初始状态一般是系统等待（　　）命令的状态。

A. 停止　　B. 保存　　C. 启动　　D. 关闭

6. 每一个顺序功能图至少应该有（　　）个初始步。

A. 1　　B. 2　　C. 3　　D. 4

四、简答题

1. 简述顺序功能图中转换实现的基本规则。

2. 顺序功能图中的当前状态向新状态转换后，代表当前状态的编程元件位存储器会置位还是复位？代表新状态的编程元件位存储器会置位还是复位？

五、设计题

使用顺序控制设计法设计一个车库门自动控制程序，要求分配I/O地址、绘制PLC控制系统接线图和顺序功能图、设计并调试梯形图程序。控制要求如下：

1. 汽车到达车库门前，超声波开关接收到汽车信号，电动机正转，车库门上升打开，直到车库门升到上限位开关位置。

2. 汽车进入车库后，光电开关发出信号，电动机反转，车库门下降，直到车库门降到下限位开关位置。

任务 2　应用选择序列实现物料识别与分拣控制

一、填空题（将正确的答案填写在横线上）

1. 选择序列的开始称为________，转换符号只能标在水平连线________。

2. 选择序列的结束称为________，转换符号只能标在水平连线________。

3. 在物料识别与分拣控制系统中，磁性接近开关和 PLC、________配合控制气缸活塞伸缩运动，实现物料自动分拣。

4. 选择序列的编程主要分为选择序列________的编程和选择序列________的编程两部分。

二、判断题（正确的在括号内打“√”，错误的在括号内打“×”）

1. 选择序列中的两个分支可以同时执行。（　　）

2. 顺序功能图中，当几个选择序列合并为一个公共序列时，用与需要重新组合的序列相同数量的转换符号和一条水平连线表示。（　　）

3. 选择序列结构形式有分支，当转换条件满足时有两个或两个以上的步同时激活。（　　）

4. 选择序列分支时是先条件后分支。（　　）

5. 选择序列合并时是先条件后合并。（　　）

三、选择题（将正确答案的序号填入括号中）

1. 在物料识别与分拣控制系统中，电感式传感器用来识别（　　）物料。

A. 金属　　B. 白色塑料　　C. 黑色塑料　　D. 以上均不正确

2. 在物料识别与分拣控制系统中，光纤传感器用来识别（　　）物料。

A. 金属　　B. 白色塑料　　C. 黑色塑料　　D. 以上均不正确

3. 在物料识别与分拣控制系统中，光电开关用来识别（　　）物料。

A. 金属　　B. 白色塑料　　C. 黑色塑料　　D. 以上均不正确

4. 图 6-2-1 所示的顺序功能图中，如果步 9 为活动步且转换条件 n 满足，则发生由步（　　）→步 5 的进展。

A. 6　　B. 9　　C. 11　　D. 5

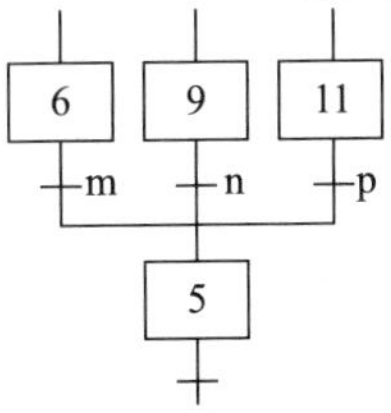

图 6-2-1

5. 图 6-2-2 所示的顺序功能图中，步 M0.0→步 M0.2 的进展对应的梯形图程序为（　　）。

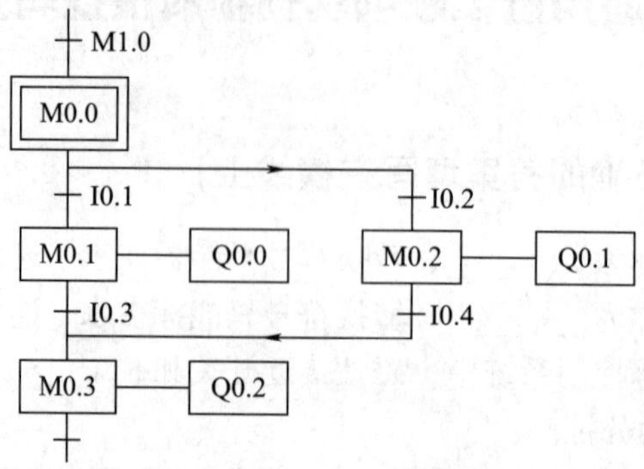

图 6-2-2

A.

%M0.0 "Tag_1" —| |— %I0.2 "Tag_2" —| |— %M0.2 "Tag_3" —(S)—

%M0.0 "Tag_1" —(R)—

B.

%M0.0 "Tag_1" —| |— %I0.2 "Tag_2" —| |— %M0.0 "Tag_1" —(S)—

%M0.2 "Tag_3" —(R)—

C.

%M0.0 "Tag_1" —| |— %I0.1 "Tag_4" —| |— %M0.2 "Tag_3" —(S)—

%M0.0 "Tag_1" —(R)—

D.

%M0.0 "Tag_1" —| |— %I0.1 "Tag_4" —| |— %M0.1 "Tag_5" —(S)—

%M0.0 "Tag_1" —(R)—

6. 图 6-2-2 所示的顺序功能图中，步 M0.1→步 M0.3 的进展对应的梯形图程序为（　　）。

A.

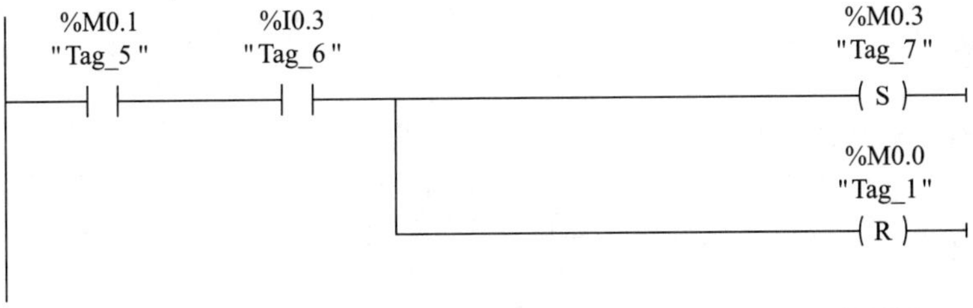

%M0.1 "Tag_5" —| |— %I0.3 "Tag_6" —| |— %M0.3 "Tag_7" —(S)—

%M0.0 "Tag_1" —(R)—

B.

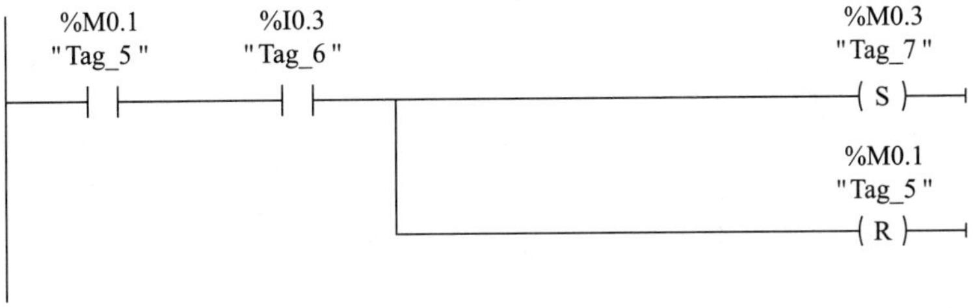

%M0.1 "Tag_5" —| |— %I0.3 "Tag_6" —| |— %M0.3 "Tag_7" —(S)—

%M0.1 "Tag_5" —(R)—

C.

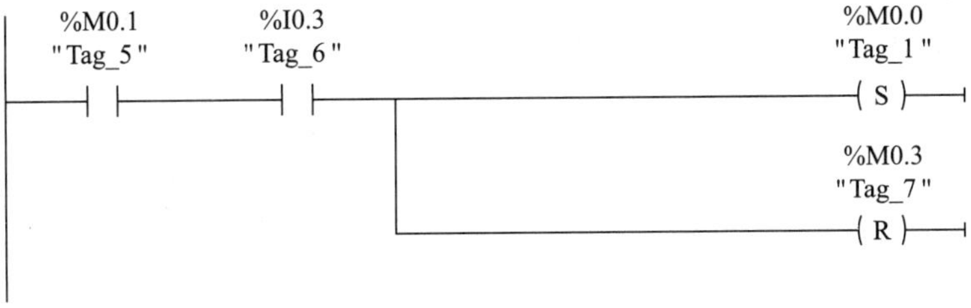

%M0.1 "Tag_5" —| |— %I0.3 "Tag_6" —| |— %M0.0 "Tag_1" —(S)—

%M0.3 "Tag_7" —(R)—

D.

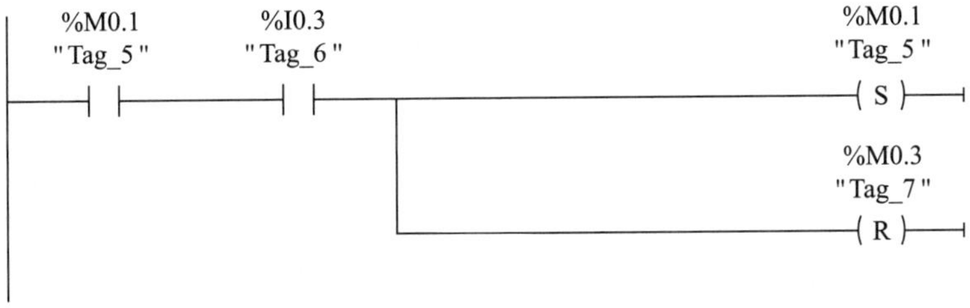

%M0.1 "Tag_5" —| |— %I0.3 "Tag_6" —| |— %M0.1 "Tag_5" —(S)—

%M0.3 "Tag_7" —(R)—

四、简答题

简述选择序列顺序功能图的特点。

五、设计题

1. 画出图 6-2-3 所示顺序功能图对应的梯形图程序。

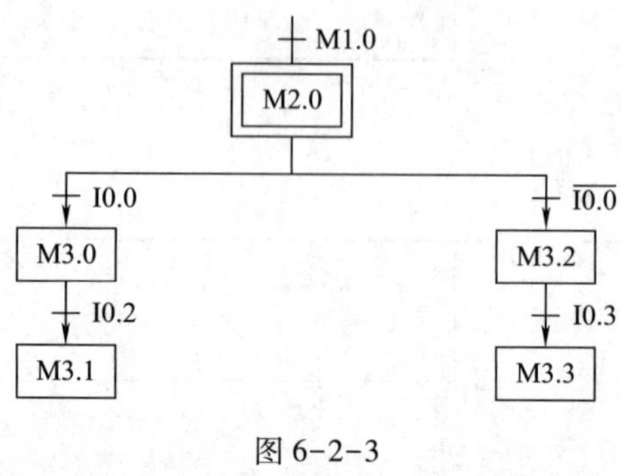

图 6-2-3

2. 运用顺序控制设计法设计一个自动门控制系统，要求该系统能检测人的接近和离开，并相应地打开和关闭自动门。具体控制要求如下：

（1）初始状态。门处于关闭状态，等待人的接近。

（2）开门状态。当检测到人的接近时，门应自动打开并保持一段时间。

（3）关门状态。检测到人离开后，门应自动关闭并返回初始状态。

任务3　应用并行序列实现十字路口交通信号灯控制

一、填空题（将正确的答案填写在横线上）

1. 并行序列的编程主要分两部分：并行序列______的编程和并行序列________的编程。

2. 并行序列的开始称为______，转换符号标注在表示同步实现的水平双线之______，只允许有______个转换符号。

3. 并行序列的结束称为______，转换符号标注在表示同步实现的水平双线之______，只允许有______个转换符号。

二、判断题（正确的在括号内打“√”，错误的在括号内打“×”）

1. 在并行序列中，当转换条件满足时，将有两个或两个以上的步同时转移。（　　）

2. 并行序列在分支时是先条件后分支。（　　）

3. 并行序列在合并时是先条件后合并。（　　）

4. 为了区别于选择序列顺序功能图，并行序列顺序功能图的分支和合并处都使用单线。（　　）

5. 若并行序列中某步后面有多个分支，当该步结束时，所有后续分支同时被激活。（　　）

三、选择题（将正确答案的序号填入括号中）

1. 十字路口交通信号灯控制系统中，南北方向信号灯和东西方向信号灯同时工作，是典型的（　　）序列结构。

A. 单　　B. 选择　　C. 并行　　D. 以上均不正确

2. 图6-3-1所示的顺序功能图中，如果步S0.0为活动步且转换条件I0.0满足，则发生由步S0.0→步（　　）的进展。

A. S0.1、S0.2　　　　B. S0.1、S0.3

C. S0.1、S0.2、S0.3　　　　D. S0.2、S0.3

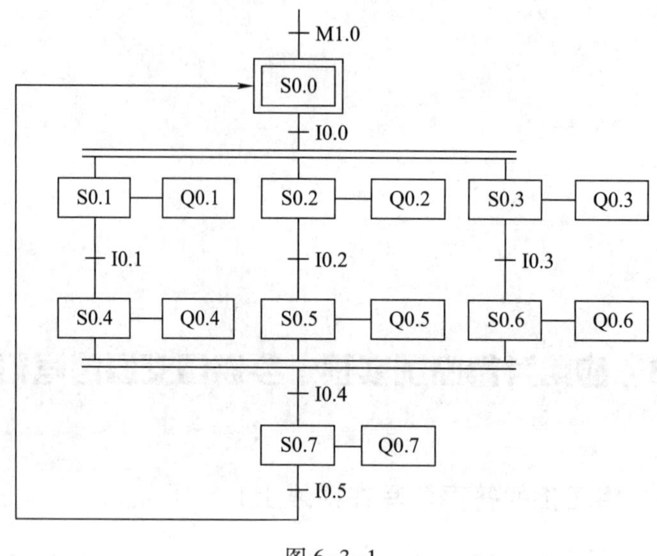

图 6-3-1

3. 图 6-3-1 所示的顺序功能图中，当步（　　）为活动步且转换条件 I0.4 满足时，步 S0.7 会变为活动步。

A. S0.4、S0.5　　　　B. S0.4、S0.5、S0.6

C. S0.4、S0.6　　　　D. S0.5、S0.6

四、简答题

简述并行序列顺序功能图的特点。

五、设计题

运用顺序控制设计法设计十字路口交通信号灯 PLC 控制程序，要求分配 I/O 地址、绘制 PLC 控制系统接线图和顺序功能图、设计和调试梯形图程序。具体控制要求如下：

1. 按下启动按钮，东西方向信号灯和南北方向信号灯同时工作。东西方向：红灯亮

30 s 后熄灭→绿灯亮 25 s 后闪烁 3 次（共 3 s）再熄灭→黄灯亮 2 s 后熄灭，完成一个周期，自动进入下一个循环。与此同时，南北方向：绿灯亮 25 s 后闪烁 3 次（共 3 s）再熄灭→黄灯亮 2 s 后熄灭→红灯亮 30 s 后熄灭，完成一个周期，自动进入下一个循环。

2. 按下停止按钮，系统结束当前周期的工作后才能停止。

课题七　用户程序块的应用

任务 1　应用函数实现两级传送带启停控制

一、填空题（将正确的答案填写在横线上）

1. PLC 的程序分为系统程序和____________。

2. S7-1200 PLC 的用户程序是________化结构，块与块之间通过相互________来组织用户程序。

3. S7-1200 PLC 的程序块分为组织块、________、函数、________四种类型。

4. 组织块是操作系统与__________的接口，由______________调用。

5. 程序循环 OB 在 CPU 处于________模式时，周期性地循环执行。

6. ________用于为程序循环 OB 指定一些初始变量或为某些变量赋值，即完成系统初始化。

7. 无形参函数是指在编写函数的过程中，在局部变量声明表中不定义____________，在函数中直接使用____________或符号地址。

8. 使用无形参函数编写程序时，绝对地址前要加______符号。

二、判断题（正确的在括号内打“√”，错误的在括号内打“×”）

1. 可以将函数视为 PLC 程序的主框架，它负责控制用户程序的执行。（　　）

2. 可以在程序的不同位置多次调用同一个 FC。（　　）

3. S7-1200 CPU 通电后的启动模式有两种：不重新启动模式、暖启动—断电前的操作模式。（　　）

4. 函数有专用的背景数据块。（　　）

5. 函数有固定的存储区。（　　）

6. 函数执行结束后，其临时变量中的数据一定会被覆盖。（　　）

7. 函数块有专用的背景数据块。（　　）

8. 当 CPU 的操作模式从 STOP 切换到 RUN 时，启动 OB 被执行一次。（　　）

9. PLC 程序中只能有一个程序循环 OB。 ( )

10. 如果程序循环时间超过最长循环时间，操作系统将调用 OB60（时间故障 OB），如果 OB60 不存在，则 CPU 停机。 ( )

三、选择题（将正确答案的序号填入括号中）

1. 在块调用中，调用者可以是（ ）。

A. OB B. FB C. FC D. 以上均正确

2. S7-1200 PLC 启动时调用的组织块是（ ）。

A. OB1 B. OB35 C. OB82 D. OB100

3. 在 TIA Portal V16 中，通常被用作主程序入口的 OB 块是（ ）。

A. OB1 B. OB10 C. OB100 D. OB102

4. 程序循环执行一次需要的时间即为程序的循环扫描周期，最长循环时间默认设置为（ ）ms。

A. 50 B. 100 C. 120 D. 150

5. 程序循环 OB 的优先级为（ ）。

A. 1 B. 2 C. 3 D. 4

6. 在 S7-1200 PLC 的编程中，如果一个 FC 需要调用另一个 FC 或 FB，应进行的操作是（ ）。

A. 在调用 FC 内部直接编写目标 FC/FB 的代码

B. 在调用 FC 内部使用 CALL 指令调用目标 FC/FB

C. 将目标 FC/FB 的代码复制到调用 FC 中

D. 无法在 FC 中调用其他 FC/FB

7. 在控制系统中，至少需要定义（ ）个组织块来实现程序的运行和控制。

A. 1 B. 2 C. 3 D. 4

8. 对于 PLC 控制的多级传送带，要求为每台电动机编写独立的函数程序，随着传送带级数与电动机数量的增加，需要编写的函数数量将（ ）。

A. 增加 B. 减少 C. 不变 D. 不确定

四、简答题

1. 简述函数的作用。

2. 简述组织块的类型。

五、设计题

将教材中的两级传送带启停控制系统拓展为三级传送带启停控制系统，要求分配 I/O 地址、设计并调试梯形图程序。具体控制要求如下：

1. 两个按钮分别用于控制系统启动和停止。
2. 每级传送带都由一台电动机驱动。
3. 每级传送带都有两个接近开关，用于检测物料并控制电动机的启停。

任务 2　应用函数实现多台三相异步电动机Y-△启动控制

一、填空题（将正确的答案填写在横线上）

1. 函数分为________区和程序编辑区。

2. 函数的块接口区也称为__________________。

3. 函数的块接口区用来定义____________。

4. 有形参函数涉及______和______两个概念。

5. 使用有形参函数编程时，需先在_______________中定义局部变量，并为这些局部变量指定数据类型，必要时还可以添加______以增强程序的可读性。

二、判断题（正确的在括号内打“√”，错误的在括号内打“×”）

1. 局部变量输入为读写变量。（　　）

2. 临时变量用于存储临时中间结果。（　　）

3. 定义局部变量时，需要指定存储器地址。（　　）

4. 程序编辑器会根据各变量的数据类型自动地为所有局部变量指定存储器地址。（　　）

5. 临时变量的属性为读写。（　　）

6. 函数必须有返回值。（　　）

7. 常量是在块中使用并且带有声明的符号名的常数。（　　）

8. 每次调用 FC 前，在调用者的块中必须用实参对 FC 中使用的形参赋值。（　　）

9. 实参与形参的数据类型可以不一致。（　　）

三、选择题（将正确答案的序号填入括号中）

1. 局部变量 Return 中的返回值属于（　　）参数，其值返回给调用它的块。

A. 输入　　B. 输出　　C. 输入/输出　　D. 临时

2. 返回值默认的数据类型为（　　）。

A. int　　B. char　　C. Void　　D. float

3. 有形参函数的 Input 和 InOut 类型的变量显示在函数的（　　）侧，Output 类型的变量显示在函数的（　　）侧。

A. 左，右　　B. 右，左　　C. 上，下　　D. 下，上

4. 使用有形参函数的优点是，对于相同的控制逻辑，只需要编写（　　）个有形参函数，无须重复编写相同的代码和进行大量重复性工作。

A. 1　　B. 2　　C. 3　　D. 4

5. 在程序编辑区中编写（　　）函数的程序时，不使用任何全局变量，需使用虚拟

的符号地址进行编程，以便在其他程序块中重复调用该函数。

A. 有形参　　B. 无形参　　C. 单一　　D. 以上均正确

6. 编程时，程序编辑器会自动在局部变量的名称前加（　　）。

A. %　　B. *　　C. #　　D. @

四、简答题

1. 简述三相异步电动机Y-△启动的基本原理和Y-△启动方式能够减小启动电流的原因。

2. 简述 InOut 变量的特点。

五、设计题

用函数设计三台三相异步电动机Y-△启动 PLC 控制程序，要求分配 I/O 地址、设计并调试梯形图程序。具体要求如下：

1. 按下每台电动机的启动按钮，该电动机完成Y-△启动，启动时间为 10 s。
2. 按下每台电动机的停止按钮，该电动机立即停止运行。
3. 按下复位按钮，三台电动机均复位。

任务3　应用函数块实现多台三相异步电动机Y-△启动控制

一、填空题（将正确的答案填写在横线上）

1. 数据块用来存储执行____、____、____时使用的各种类型的数据。

2. 可以设置数据块的写保护功能，数据块关闭或有关 OB、FB 和 FC 的执行开始或结束后，数据块中存放的数据________（会/不会）丢失。

3. 数据块分为________数据块和________数据块两种类型。

4. 数据块中的变量按______的顺序自动分配地址。

5. 背景数据块存储的数据供特定的______使用。

6. 背景数据块由 FB 生成，其内部数据结构由______的块接口定义决定。

7. 访问数据块时，可以使用______寻址或______寻址。

8. 函数块是用户编写的有自己的__________的程序块，它包含完成特定任务的程序。

二、判断题（正确的在括号内打"√"，错误的在括号内打"×"）

1. 符号寻址可以提高程序的可读性和易维护性。（　　）

2. 使用不同的背景数据块调用同一个函数块，可以控制不同的对象。（　　）

3. 全局数据块也称为共享数据块，是存储全局数据的数据块，它存储供所有 OB、FB 和 FC 使用的数据，所有的 OB、FB 和 FC 都可以访问它。（　　）

4. 调用 FB 时，不需要指定背景数据块。（　　）

5. FB 执行完毕后，背景数据块中的数值不会丢失。（　　）

6. 背景数据块不保存 FB 的临时数据。（　　）

三、选择题（将正确答案的序号填入括号中）

1. 当创建一个 FB 时，系统会根据 FB 的块接口定义自动生成（　　）个与之对应的背景数据块。

A. 1　　B. 2　　C. 3　　D. 4

2. （　　）寻址直接指定数据在闪存中的位置，（　　）寻址则通过为数据分配一个易于理解的名称（如变量名）来访问数据。

A. 间接，绝对　　B. 间接，符号　　C. 符号，绝对　　D. 绝对，符号

3. 背景数据块随 FB 的调用而（　　），在调用结束时（　　）。

A. 打开，自动关闭　　B. 关闭，自动打开

C. 打开，保持打开状态　　D. 关闭，保持关闭状态

4. 函数块有（　　）个局部变量和（　　）个常量。

A. 1，5　　B. 5，1　　C. 1，4　　D. 4，1

5. 静态变量的属性是（　　）。

A. 只写　　B. 只读　　C. 读写　　D. 以上均不正确

6. 与 FB 相比，FC 的局部变量中多了一个（　　）变量。

A. Temp　　B. Static　　C. Input　　D. Inout

7. 在程序编辑区中编写函数块的程序时，需使用（　　）进行编程，以便在其他程序块中重复调用该函数块。

A. 形参　　B. 实参　　C. 局部变量　　D. 全局变量

8. 进行函数块编程时，程序编辑器会自动在局部变量的名称前加（　　）。

A. %　　B. @　　C. #　　D. *

四、简答题

1. 在三相异步电动机Y-△启动控制中，可能用到哪种类型的数据块来存储哪些信息？请举例说明。

2. 简述数据块的作用。

五、设计题

设计两台三相异步电动机Y-△启动 PLC 控制系统，要求分配 I/O 地址、设计并调试梯形图程序。具体控制要求如下：

1. 使用一个按钮控制两台电动机，第一台电动机启动 5 s 后第二台电动机启动，确保两台电动机均在 15 s 内完成Y-△启动。

2. 通过一个共用的数据块实现。

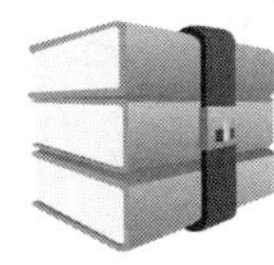

课题八　步进电动机 PLC 控制

任务 1　步进电动机的速度控制

一、填空题（将正确的答案填写在横线上）

1. 根据连接驱动器方式的不同，S7-1200 PLC 运动控制可分为____________、______和模拟量三种控制方式

2. PTO 控制方式是 S7-1200 PLC 通过 CPU 发送____________控制驱动器的方式实现运动控制。

3. S7-1200 PLC 提供高速脉冲输出端口，其输出脉冲宽度与脉冲周期之比称为________。

4. S7-1200 PLC 的脉冲串输出指令能产生占空比为______、周期和个数可控的 PTO 脉冲信号。

5. PTO 脉冲信号可以是____________、____________或正/反脉冲的方式。

6. 每个 PTO 可选择使用两个输出点，一个作为______输出，一个作为______输出。

二、判断题（正确的在括号内打“√”，错误的在括号内打“×”）

1. 并非所有版本的 S7-1200 CPU 都支持 PTO 控制方式。（　　）

2. 由于 PTO 脉冲信号的频率较高，S7-1200 PLC 必须采用晶体管输出型的 CPU 模块。（　　）

3. 可以将脉冲发生器同时指定为 PTO 和 PWM。（　　）

4. 脉冲串输出指令以指定频率提供 50% 占空比输出的方波。（　　）

5. CTRL_PTO 指令将参数信息存储在 DB 中。DB 参数由 CTRL_PTO 指令控制，可以由用户单独更改。（　　）

6. 当 EN 输入为 TRUE 时，CTRL_PTO 指令启动或停止所标识的 PTO。当 EN 输入为 FALSE 时，不执行 CTRL_PTO 指令且清除 PTO 的当前状态。（　　）

7. 使用脉冲发生器时，一个指令脉冲串输出只能使用一个 PTO 脉冲发生器。（　　）

8. 当用户用给定的频率激活 CTRL_PTO 指令时，S7-1200 PLC 便以给定的频率输出

脉冲串，用户可随时更改 PTO 频率。 （ ）

9. PTO 通道的硬件标识符是软件自动生成的，不能修改。 （ ）

三、选择题（将正确答案的序号填入括号中）

1. S7-1200 CPU 最多可组态（ ）个 PTO/PWM 发生器。

A. 1　　B. 2　　C. 3　　D. 4

2. （ ）功能提供连续的、脉冲宽度可以用程序控制的脉冲列输出。

A. PTO　　B. PWM　　C. PTM　　D. 以上均不正确

3. 在程序编辑器中，脉冲串输出指令的错误代码可显示为整数或（ ）进制值。

A. 十六　　B. 十　　C. 八　　D. 二

4. 脉冲串输出指令的 STATUS 参数错误代码为（ ）表明频率超出参数 FREQUENCY 的范围。

A. 0　　B. 80D1　　C. 8090　　D. 8091

5. 脉冲串输出指令的 STATUS 参数错误代码为（ ）表明 PTO 硬件标识符未寻址到有效的 PTO。

A. 0　　B. 80A1　　C. 80D0　　D. 8091

6. 当 REQ 输入设置为（ ）时，FREQUENCY 值生效。如果 REQ 为（ ），则无法修改 PTO 的输出频率。

A. TRUE，TRUE　　B. TRUE，FALSE

C. FALSE，TRUE　　D. FALSE，FALSE

四、简答题

1. S7-1200 CPU 组态的 PTO/PWM 发生器分别通过数字量输出的 CPU 集成的 Q0.0~Q0.7 或可选信号板的 Q4.0~Q4.3 输出 PTO/PWM 脉冲。将 PTO/PWM 输出点的相关信息填入表 8-1-1。

表 8-1-1

PTO	脉冲	方向	PWM	脉冲	方向
PTO1			PWM1	Q0.0 或 Q4.0	—
PTO2	Q0.2 或 Q4.2		PWM2		—
PTO3			PWM3		—
PTO4		Q0.7 或 Q4.3	PWM4		—

2. 当 CPU 或信号板的输出组态为 PTO 脉冲发生器时，被使用的输出地址能否用于用户程序中的其他用途？

3. 绘制脉冲串输出指令中输入参数 REQ 与 FREQUENCY 的时序关系图。

任务2　步进电动机的位置控制

一、填空题（将正确的答案填写在横线上）

1. 运动控制指令使用相关工艺数据块和 CPU 的______功能控制轴上的运动。

2. MC_Power 指令用于启用和______运动控制轴。

3. 回原点过程中，轴运行时 MC_Home 指令中的 Busy 位始终输出______电平，一旦回原点过程执行完毕，Done 位被置为______。

4. 在 S7-1200 PLC 中，使用__________________指令可以实现相对运动控制，该指令通过指定相对距离和速度控制轴的运动。

5. MC_MoveVelocity 指令使轴以预设的__________运行。

6. MC_MoveJog 指令的功能是在________模式下以指定的速度连续移动轴。

7. __________________指令的功能是在用户程序中写入或更改轴工艺对象和命令表对象中的变量。

8. __________________指令的功能是在用户程序中读取轴工艺对象和命令表对象中的变量。

二、判断题（正确的在括号内打"√"，错误的在括号内打"×"）

1. 工艺对象轴是实际轴的映射，是用户程序与驱动的接口。（　　）

2. 运动控制指令必须在正确组态工艺对象轴后才能使用。（　　）

3. 工艺对象轴在运动前必须激活 MC_Power 指令，否则轴无法运行。（　　）

4. MC_Home 指令用于执行轴回原点动作及定义原点位置。（　　）

5. MC_Halt 指令的 Execute 端通过下降沿信号触发。（　　）

6. MC_Halt 指令可停止所有被激活的运动指令并以组态的减速度停止轴。（　　）

7. 设置被动回原点参数时，数字量输入信号的滤波时间必须大于归位信号开关的输入信号持续时间。（　　）

8. 运动控制指令中的灰色引脚表示该引脚经常使用。（　　）

三、选择题（将正确答案的序号填入括号中）

1. 使用 MC_MoveAbsolute 指令前，轴必须先执行（　　）指令。

A. MC_Power　　　　B. MC_Reset

C. MC_Home　　　　D. MC_Halt

2. MC_Home 指令的模式（　　）不需要轴做任何移动，一般在机械校准和安装时使用。

A. 0 和 2　　B. 0 和 1　　C. 1 和 2　　D. 0 和 3

3. MC_Home 指令的模式（　　）需要轴运动并触发组态好的作为参考原点的外部物理输入点。

A. 2 和 3　　B. 1 和 2　　C. 1 和 3　　D. 0 和 3

4. MC_MoveAbsolute 指令中的参数 Direction 为 1 表示（　　）。

A. 从正方向逼近目标位置　　B. 速度为 1 m/s

C. 从负方向逼近目标位置　　D. 以距离最短的路径逼近目标位置

5. MC_Home 指令中的参数 Mode 为（　　）表示主动回原点。

A. 1　　B. 2　　C. 3　　D. 6

6. MC_MoveAbsolute 指令中的（　　）参数用于设定目标位置。

A. Position　　B. Axis　　C. Execute　　D. Velocity

四、简答题

1. 简述 S7-1200 PLC 运动控制中工艺对象轴的组态步骤。

2. 简述 MC_Power 指令中 StopMode 参数的作用及用法。

五、设计题

将步进电动机位置 PLC 控制系统接线图补充完整。

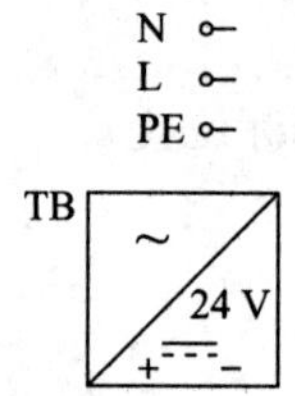

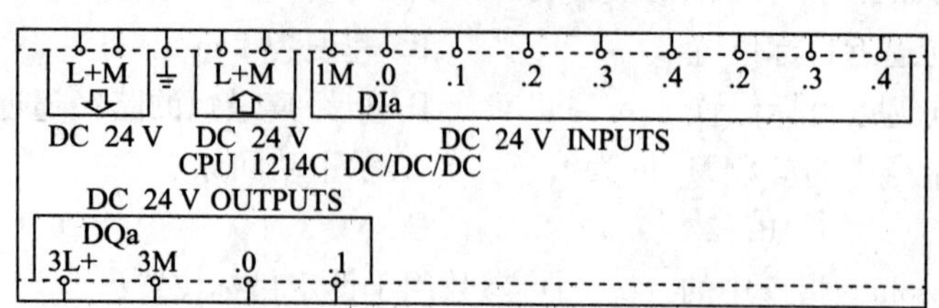

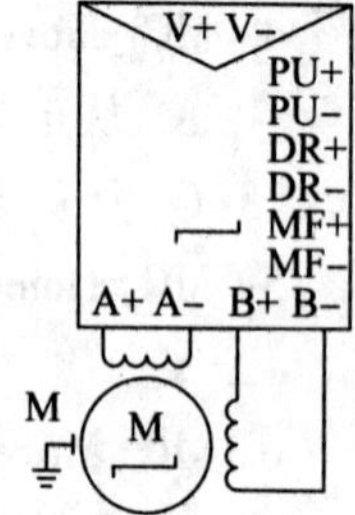

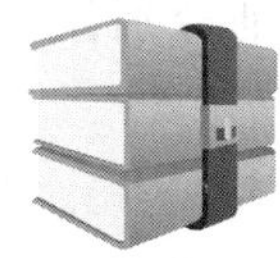

课题九　S7-1200 PLC 的通信应用

任务 1　S7-1200 与 S7-200 SMART PLC 之间的 S7 通信

一、填空题（将正确的答案填写在横线上）

1. S7-1200 CPU 的 PROFINET 通信接口有______连接和______连接两种连接方法。

2. S7 通信主要用于西门子__________之间的通信。

3. S7-1200 系统预留了______个可组态的 S7 连接资源，考虑______个动态连接资源，最多可组态______个客户端的 S7 连接。

4. S7-200 SMART CPU 的 S7 通信可以通过向导或使用______/______指令两种方式实现。

5. 基于连接的通信分为______连接和______连接，S7-1200 PLC 仅支持 S7______连接。

6. S7-1200 CPU 本体上集成了____个或____个 PROFINET 通信接口。

7. 服务器是通信中的______（主动/被动）方，用户无须编写服务器的 S7 通信程序，S7 通信由服务器的操作系统完成。

8. 当两个以上的通信设备进行通信时，需要使用__________实现网络连接。

二、判断题（正确的在括号内打“√”，错误的在括号内打“×”）

1. S7 协议是专门为西门子产品优化设计的通信协议，它是面向连接的协议，在进行数据交换之前必须与通信伙伴建立连接。（　　）

2. 单向连接中的客户端是向服务器请求服务的设备，服务器调用 GET/PUT 指令读、写客户端的存储区。（　　）

3. 使用 PROFINET 通信接口可以实现 S7-1200 CPU 与编程设备、HMI 以及其他 S7 CPU 之间的通信。（　　）

4. 当一个 S7-1200 CPU 与一个 HMI 通信时，使用的是直接连接方法。（　　）

5. PROFINET 物理接口支持电缆交叉自适。（　　）

6. 使用 CSM 1277 交换机之前，需要根据网络连接情况对其进行设置。（　　）

7. 访问远程 CPU 中的数据时，S7-1200 CPU 在 ADDR_x 输入字段中不能使用绝对地址对远程 CPU 的变量寻址。（　　）

8. 访问本地 CPU 中的数据时，S7-1200 CPU 可使用绝对地址或符号地址分别作为 GET 或 PUT 指令的 RD_x 或 SD_x 的输入。（　　）

9. GET 指令用于从远程 CPU 读取数据，PUT 指令用于将数据写入远程 CPU。（　　）

10. GET/PUT 指令的参数 STATUS 为 0000H 表示既没有警告也没有错误。（　　）

三、选择题（将正确答案的序号填入括号中）

1. S7-1200 与 S7-200 SMART CPU 之间可以通过（　　）通信协议进行数据传输。

A. MPI　　B. PROFIBUS　　C. S7　　D. Modbus

2. PROFINET 物理接口是支持（　　）Mb/s 和（　　）Mb/s 的 RJ45 接口。

A. 1，10　　B. 10，32　　C. 10，64　　D. 10，100

3. 在 S7-1200 与 S7-200 SMART 之间的 S7 通信中，PUT 指令的作用是（　　）。

A. 从 S7-200 SMART CPU 读取数据到 S7-1200 CPU

B. 将数据写入 S7-200 SMART CPU 的 VB0～VB7 数据区

C. 从 S7-1200 CPU 读取数据到 S7-200 SMART CPU

D. 将数据从 S7-1200 CPU 的 DB1 读取到 S7-200 SMART CPU 的 DB1

4. PROFINET 是基于（　　）的自动化标准，它定义了跨厂商的通信、自动化系统和工程组态模式。

A. 因特网　　B. 互联网　　C. 局域网　　D. 以太网

四、简答题

1. 简述 GET 指令的功能。

2. 简述 PUT 指令的功能。

3. 实现 S7 通信，关键要做好哪三个方面的事情？

任务2　两台 S7-1200 PLC 之间的 Modbus-TCP 通信

一、填空题（将正确的答案填写在横线上）

1. Modbus-TCP 通信结合了以太网物理网络和________网络标准。

2. Modbus 协议是一项应用层报文传输协议，包括__________、______、______三种报文类型。

3. MB_CLIENT 指令可进行________—________连接、发送 Modbus 功能请求、接收响应以及控制 Modbus-TCP 服务器的断开。

4. 标准的 Modbus 协议物理层接口有________、________、________和以太网接口。

5. Modbus-TCP 是标准的网络通信协议，它使用 CPU 上的________连接器进行 TCP/IP 通信，不需要额外的通信硬件模块。

6. 背景 DB 和________成对使用，且对每个连接必须是唯一的。

7. RemotePort 的含义是____________，LocalPort 的含义是____________。

8. MB_SERVER 指令可接收与 Modbus-TCP __________的连接请求、接收 Modbus 功能请求并发送响应消息。

二、判断题（正确的在括号内打“√”，错误的在括号内打“×”）

1. Modbus-TCP 是用于管理和控制自动化设备的 Modbus 系列通信协议的派生产品。（　　）

2. Modbus-TCP 通信协议是开放协议。（　　）

3. 单个 PLC 可与多个 Modbus-TCP 客户端建立并发连接。（　　）

4. 各 MB_CLIENT 连接必须使用一个唯一的背景 DB。（　　）

5. 与传统的串口方式相比，Modbus-TCP 插入一个标准的 Modbus 报文头到 TCP 报文中，不再具有差错校验和地址域。（　　）

6. Modbus-TCP 客户端支持的最大并发连接数为 PLC 允许的开放式用户通信最大连接数。（　　）

7. 不必为各 MB_SERVER 连接分配唯一的连接 ID。（　　）

三、选择题（将正确答案的序号填入括号中）

1. Modbus-TCP 客户端（主站）必须通过（　　）参数控制客户端—服务器连接。

A. EN　　B. REQ　　C. DISCONNECT　　D. MB_MODE

2. Modbus 设备可分为主站和从站，主站有（　　）个，从站有多个。

A. 1　　B. 2　　C. 3　　D. 4

3. PLC 的连接总数不得（　　）支持的开放式用户通信最大连接数。

A. 小于　　B. 大于　　C. 等于　　D. 以上均不正确

4. MB_CLIENT 指令中参数（　　）的作用是进行模式选择。

A. EN　　B. REQ　　C. DISCONNECT　　D. MB_MODE

5. 固件版本为 V4.0 的 S7-1200 PLC 支持 MB_SERVER 指令和最高（　　）版本的库。

A. V2.1　　B. V3.1　　C. V4.1　　D. V5.1

四、简答题

1. 单独的并发客户端连接必须遵循哪些规则?

2. 单独的并发服务器连接必须遵循哪些规则?

五、设计题

简述将 PLC 数据读取回客户端的方法并编写程序。

任务3 三相异步电动机远程启停PLC控制

一、填空题（将正确的答案填写在横线上）

1. PROFIBUS 提供三种数据传输类型：用于 DP 和 FMS 的__________传输、用于 PA 的_____________传输和________传输。

2. 为了确保 PLC 与外部设备在同一网络中，需要设置 PLC 的__________和__________。

3. PROFIBUS-FMS 已基本被__________通信取代，现在很少使用。

4. 西门子 ET 200SP 是一个高度灵活的可扩展分布式 I/O 系统，用于通过____________将过程信号连接到上一级控制器。

二、判断题（正确的在括号内打“√”，错误的在括号内打“×”）

1. 西门子 ET 200SP 可以同时支持 PROFIBUS 和 PROFINET 总线。（　　）

2. PROFINET I/O 通信不使用通信指令，只需进行硬件组态和网络组态、配置数据传输地址，就能够实现数据交互。（　　）

3. PROFIBUS 是一种串行通信协议。（　　）

4. PROFIBUS 最多可以接 147 个从站。（　　）

5. PROFINET I/O 系统包括 I/O 控制器、I/O 设备和 I/O 监控器。（　　）

6. 西门子 ET 200SP 配有 CPU，可进行智能预处理，以减轻上一级控制器的负荷压力。（　　）

三、选择题（将正确答案的序号填入括号中）

1. 在集散控制系统中，分散在现场的、用来采集控制仪表及传感器等信号数据的系统称为（　　）系统。

A. 集中式　　B. 分布式　　C. 紧密式　　D. 开放式

2. PROFIBUS 是（　　）的简称。

A. 程序总线布局　　B. 程序总线运输　　C. 程序总线网络　　D. 程序总线调试

3. PROFIBUS 的最高传输速率为（　　）Mbit/s。

A. 12　　B. 24　　C. 36　　D. 48

4. PROFIBUS 提供的通信服务中，（　　）的应用最多，特别适用于 PLC 与现场级分布式 I/O 设备之间的通信。

A. PROFIdrive　　B. PROFIBUS-PA　　C. PROFIBUS-FMS　　D. PROFIBUS-DP

5. PROFINET 是基于工业（　　）技术的开放的现场总线，可以将分布式 I/O 设备直接连接到工业以太网。

A. 因特网　　B. 以太网　　C. 局域网　　D. 互联网

6. PROFIBUS 响应时间的典型值为（　　）ms。

A. 1　　B. 2　　C. 3　　D. 4

7. 西门子 ET 200SP 分布式 I/O 系统的电动机启动器最多为（　　）个。

A. 30　　B. 31　　C. 60　　D. 61

四、简答题

1. PROFIBUS 是什么？其主要传输介质有哪些？

2. 分布式 I/O 系统与集中式 I/O 系统相比，有哪些优势和劣势？在控制电动机的场景下，选择分布式 I/O 系统的优势是什么？

3. 简述西门子 ET 200SP 分布式 I/O 系统中 I/O 模块的类型。

课题十　PLC 与触摸屏的综合应用

任务 1　基于 PLC 和触摸屏的三相异步电动机启停控制

一、填空题（将正确的答案填写在横线上）

1. 触摸屏由______________和________________组成。

2. 在 S7-1200 PLC 系统中，触摸屏通常作为______控制电动机的运行。

3. 昆仑通态 TPC7062Ti 触摸屏具有____个串口、____个 USB、____个网口。

4. 昆仑通态 TPC7062Ti 触摸屏的两个串口 COM1 和 COM2 分别为________和________接口。

5. 根据工作原理和传输信息介质的不同，触摸屏分为________式、____________式、________式以及____________式四种类型。

二、判断题（正确的在括号内打“√”，错误的在括号内打“×”）

1. 如果触摸屏是第一次通电，则必须设置触摸屏的通信参数。（　　）

2. 触摸屏的 IP 地址必须与 PLC 的 IP 地址前三位相同，否则无法通信。（　　）

3. 触摸屏常用于控制设备运行和显示设备运行过程中的信息。（　　）

4. 昆仑通态 TPC7062Ti 触摸屏的工作电源为 DC 36 V。（　　）

5. 触摸屏可以代替鼠标或键盘输入各种信息。（　　）

6. 昆仑通态 TPC7062Ti 触摸屏的 USB1 与 USB2 接口通常用于连接外部存储设备，通过 USB1 接口可以轻松地备份程序、参数和数据，也可以导入/导出项目文件和日志文件。（　　）

7. 昆仑通态 TPC7062Ti 触摸屏的 USB2 接口通常用于连接计算机、PLC 或 HMI 设备，进行数据传输和编程操作。（　　）

三、选择题（将正确答案的序号填入括号中）

1. LAN 接口一般用于连接（　　）中的设备。

A. 以太网　　B. 广域网　　C. 局域网　　D. 无线网

2. 触摸屏控制器的主要作用是接收触摸信息并将它转换成触点坐标发送给（　　）。

A. CPU　　B. 触摸检测部件　　C. 以太网接口　　D. RS485 接口

3. 昆仑通态 TPC7062Ti 触摸屏的引脚（　　）为接地引脚。

A. 2　　B. 3　　C. 5　　D. 8

4. LAN 接口通常通过以太网电缆连接设备，使用（　　）协议进行数据传输。

A. RS485　　B. RS232　　C. 以太网　　D. PROFINET

四、简答题

1. 简述触摸屏的工作原理。

2. 简述 MCGS 7.7 嵌入版软件的特点。

3. 简述昆仑通态 TPC7062Ti 触摸屏与西门子 S7-1200 PLC 建立通信的方法。

五、设计题

试在昆仑通态的触摸屏组态软件 MCGS 中组态基于 S7-1200 PLC 的指示灯（数量为 1）点亮与熄灭控制方案。具体控制要求如下：

1. 按下启动按钮时，指示灯点亮。

2. 按下停止按钮时，指示灯熄灭。

任务2　基于PLC和触摸屏的三相异步电动机启停与报警控制

一、填空题（将正确的答案填写在横线上）

1. 单击触摸屏屏幕上的启动按钮和停止按钮图形符号可以实现对电动机的______和______控制，屏幕上的指示灯可以显示电动机的运行状态。

2. 当模拟量输入模块检测到异常值，如测量值超过预设阈值时，S7-1200 PLC将触发________，并通过触摸屏显示报警信息。

3. TIA Portal V16的______功能可以模拟PLC程序的运行，包括故障报警的触发和显示，而无须连接到实际硬件。

4. 若要清除触摸屏上的报警信息，通常需要通过PLC程序将相应的报警变量设置为______状态，并在触摸屏上确认报警。

二、判断题（正确的在括号内打“√”，错误的在括号内打“×”）

1. S7-1200 PLC可以直接通过触摸屏显示报警信息，无须在PLC程序中设置报警变量。（　　）

2. 触摸屏与S7-1200 PLC之间的通信故障不会影响报警信息的显示。（　　）

3. S7-1200 PLC的报警变量通常被存放在全局数据块中。（　　）

4. 在组态软件中关联报警指示灯时，需要为指示灯分配地址。（　　）

三、选择题（将正确答案的序号填入括号中）

1. 在S7-1200 PLC与触摸屏的通信中，（　　）协议常用于传输故障报警信息。

A. MPI　　B. PROFINET

C. PPP　　D. UDP

2. 关于触摸屏上报警信息的清除，以下说法正确的是（　　）。

A. 报警信息会自动清除，无须人工干预

B. 只能通过触摸屏上的清除按钮清除报警信息

C. 可以通过PLC程序设置报警清除条件，触摸屏会根据条件进行清除

D. 以上均不正确

3. 配置S7-1200 PLC与触摸屏的通信时，需要确保（　　）信息匹配。

A. IP地址和子网掩码　　B. MAC地址和端口号

C. 序列号和产品型号　　D. 输入和输出

4. 在S7-1200 PLC程序中，用于设置报警条件的指令通常不包括（　　）。

A. 比较指令　　B. 定时器指令

C. 数据转换指令　　D. 以上均不正确

四、简答题

以三相异步电动机连续运行控制为例，简述在触摸屏上创建报警画面并实现控制画面和报警画面切换的方法。

五、设计题

试在昆仑通态的触摸屏组态软件 MCGS 中组态三相异步电动机的启停控制和故障报警显示画面，并下载到模拟触摸屏中进行验证。具体控制要求如下：

1. 启停控制显示画面为“控制画面”，故障报警显示画面为“报警画面”。

2. “控制画面”和“报警画面”可通过按钮进行切换，该按钮命名为“切换按钮”。

3. 在“控制画面”中添加并设置启动/停止按钮控件，实现电动机的启动与停止控制。